Martin Friederichs

PRAXIS DER
GPS-NAVIGATION

Delius Klasing Verlag

Bibliografische Information Der Deutschen Bibliothek
Die Deutsche Bibliothek verzeichnet diese Publikation in der
Deutschen Nationalbibliografie; detaillierte bibliografische
Daten sind im Internet über »http://dnb.ddb.de« abrufbar.

Der Verlag macht darauf aufmerksam, dass dieses Buch bereits
in 5 Auflagen unter der ISBN 3-7688-1016-X (Autor: Werner Kumm)
erschienen ist.

1. Auflage
ISBN 3-7688-1773-3
ISBN 978-3-7688-1773-8
© by Delius, Klasing & Co. KG, Bielefeld

Umschlaggestaltung und Layout: Ekkehard Schonart
Druck: Print Consult, München
Printed in Czech Republic 2006

Delius Klasing Verlag, Siekerwall 21, D - 33602 Bielefeld
Tel.: 0521/559-0, Fax: 0521/559-115
E-Mail: info@delius-klasing.de
www.delius-klasing.de

Inhalt

Vorwort

Kaum ein Schiff oder eine Yacht verlässt heute einen Hafen ohne GPS-Empfänger an Bord. Die Luftfahrt profitiert von der Zuverlässigkeit und Genauigkeit, die GPS zusammen mit neuen ergänzenden Systemen (SBAS) erreicht, und »car navigation systems« werden selbst schon von Supermärkten angeboten. Vielleicht gehören auch Sie bereits zu der steigenden Zahl der Autofahrer, die sich mithilfe von GPS elektronisch den Weg weisen lassen.

GPS-Anwendungen gehen über die reine Navigation aber längst hinaus. GPS-Empfänger gibt es mit Pulsmesser und in Armbanduhren. In Kombination mit kleinen Sendern wird GPS zur Objekt-, Tier- (in Halsbändern für Hunde und Wildtiere) und Personenüberwachung genutzt. Mobilfunkgeräte und elektronische Notizbücher, die PDAs (Personal Digital Assistents), werden immer häufiger zu MP3-PDA-GPS-Handys verschmolzen.

Was ändert sich in der Yachtnavigation? Der Trend geht vor allem in Richtung einer Kombination von GPS mit elektronischen Seekarten. Die wesentliche Aufgabe der Navigation hat sich aber nicht geändert: die Bestimmung von Position, Kurs und Geschwindigkeit von einem Abfahrtsort zu einem Ziel. Und für diese Aufgabe kann man auch ohne weiteres einfache oder ältere GPS-Geräte nutzen.

Moderne Geräte können mehr leisten, sind dabei aber nicht immer einfacher in der Bedienung geworden. Mit dem Funktionsumfang wächst der Umfang der Anleitungen. Die Hersteller beschränken sich in aller Regel im Wesentlichen auf eine reine Beschreibung der Bedienfunktionen, auf die Problematiken und die ganze Komplexität von GPS gehen sie nicht ein.

Genau hier setzt dieses Buch an. Es soll vermitteln, wie Sie Ihren GPS-Navigator erfolgreich nutzen können. Auf die theoretischen Zusammenhänge wollen wir dabei nicht eingehen. Wer sich ausführlich über die Grundlagen von GPS informieren möchte, dem sei der Band 102 der Yacht-Bücherei »GPS – Global Positioning System« empfohlen.

Ob wir nun auf der Ostsee oder im Pazifik segeln, ob wir mit DGPS-Anlagen experimentieren oder uns ansehen, wie sich der GPS-Navigator mit angeschlossenen Geräten »unterhält«, ob wir mit einem elektronischen Kartenplotter navigieren oder im Internet surfen und nach GPS-Informationen suchen: Im Vordergrund steht immer die Praxis.

Damit sowohl der Einsteiger als auch der erfahrene Nutzer möglichst viel durch das Studium dieses Buches profitiert, ist es in zwei Teile gegliedert. Im ersten Teil (»GPS für den Einsteiger«) wird der Leser Schritt für Schritt in die GPS-Navigation eingeführt, bis hin zum praktischen Einsatz der Wegpunktnavigation. Wer schon GPS-Praxis besitzt, kann diesen ersten Teil etwas schneller durcharbeiten, um sich dann gleich Teil 2 zuzuwenden: »GPS für den

Profi – oder für den, der es werden möchte«. Hier geht es beispielsweise um die bei allen neueren Geräten vorhandene Schnittstelle oder auch um elektronische Seekarten mit GPS. Die Möglichkeiten und Grenzen solcher Systeme werden auf Törns getestet. Vor allem, da die so genannte *Selective Availability* (SA) weggefallen ist und GPS durch neue Zusatzsysteme ergänzt wird, ist es wichtig, sich einmal etwas ausführlicher mit der Frage der Genauigkeit auseinander zu setzen. Wir widmen diesem Problem daher einen speziellen Abschnitt.

Zum Abschluss unternehmen wir gemeinsam einen Streifzug durch das Internet und das Usenet und veranschaulichen an speziellen GPS-Beispielen, welche umfassenden Informationsmöglichkeiten sich hier bieten.

Auf Seite 77 schließlich finden Sie ein kleines Lexikon, in dem immer wiederkehrende und in Handbüchern häufig falsch übersetzte oder gar nicht aufgeführte englische GPS- und Navigations-Begriffe ins Deutsche übertragen und erläutert sind.

Werner Kumm, als Autor für fünf Auflagen des vorliegenden Buches verantwortlich, hat das Thema so verständlich dargestellt, dass einige Teile übernommen wurden – so beispielsweise sein Erfahrungsbericht von einer Hawaii-Reise oder auch die »Geheimnisse der NMEA-Schnittstelle« und die grundsätzlichen Ausführungen zu Differential GPS (DGPS).

Ich hoffe, ich habe Sie neugierig gemacht, und wünsche Ihnen viel Erfolg.

Martin Friederichs

GPS für den Einsteiger

Einführung

Die Tasten unserer neuen Wundermaschine haben wir selbstverständlich bereits in allen möglichen Kombinationen gedrückt. Zwischendurch ist auch schon einmal etwas auf dem Anzeigefeld aufgetaucht, was eine gewisse Ähnlichkeit mit Breite und Länge hatte, und schließlich haben wir auch schon die erhellenden Ausführungen des Handbuches auf uns wirken lassen, wobei sich die erwartete Erleuchtung allerdings (vermutlich) nicht in jedem Falle einstellte.

Eigentlich müsste das doch aber reichen. Wir könnten uns also nach diesen Vorarbeiten unseren GPS-Navigator schnappen – jedenfalls dann, wenn wir ein tragbares Gerät gekauft haben –, raus zum Boot fahren, ablegen und dann mal sehen, was sich tut. Funktionieren würde das schon. Aber die ganz wahre Methode ist es vielleicht doch nicht.

Wie sollten wir aber dann vorgehen? Am besten schauen wir uns erst einmal einige wenige Grundgegebenheiten von GPS an (»GPS auf einen Blick«, siehe nächsten Abschnitt). Dann machen wir unsere ersten Gehversuche (»Erste Schritte«, S. 12), und mit der ersten GPS-Position (»Der erste GPS-Ort«, S. 13) haben wir auch bereits die erste Tonne erreicht.

Im Abschnitt »Vorbereitung für den Einsatz auf See« (S. 14) trauen wir uns schon etwas mehr zu. Solchermaßen gestärkt, studieren wir schließlich im Abschnitt »GPS in der Praxis auf See« (S. 27), die Hauptmöglichkeiten von GPS-Navigatoren im praktischen Einsatz.

Wie schon im Vorwort gesagt, verzichten wir bewusst auf zu viel Theorie. Auch speziellere Möglichkeiten von GPS-Geräten lassen wir in diesem Teil des Buches außer Acht. Stattdessen wollen wir auf möglichst einfache, direkte und praxisnahe Weise einsteigen, was uns schnell zum Erfolg führt.

GPS auf einen Blick

Was ist GPS?

GPS ist die Abkürzung von *Global Positioning System*. Die vollständige Bezeichnung ist *NAVSTAR GPS*, wobei *NAVSTAR* abgeleitet wird von *Navigation System with Time and Ranging*. Wir können das übersetzen mit *Navigationssystem mit Zeit- und Abstandsbestimmung*. GPS ist ein vom Verteidigungsministerium der USA betriebenes und unterhaltenes militärisches Navigationssystem, das auch von zivilen Anwendern genutzt werden kann. Die Russische Föderation betreibt ein ähnliches Navigationssystem (*GLONASS*) und ein europäisches (*Galileo*) ist im Aufbau. Als übergeordneter Begriff für diese satellitengestützten Navigationssysteme ist die Bezeichnung *GNSS (Global Navigation Satellite System)* eingeführt.

Bei GPS (und damit GNSS) handelt es sich um ein Navigationssystem, das weltweit und jederzeit, auch nachts und bei verminderter Sicht, eingesetzt werden kann.

Wie wird GPS genutzt?

Um GPS einsetzen zu können, benötigt man einen GPS-Empfänger. Dieses Gerät empfängt Funksignale von den Satelliten und wertet sie aus. Ergebnis dieser Auswertung sind die Position, die Geschwindigkeit und die Zeit.

Wo wird GPS genutzt?

GPS wird genutzt für die Navigation an Land, auf See und in der Luft. Daneben gibt es eine ständig wachsende Zahl weiterer Anwendungen, beispielsweise in der Vermessung und Überwachung.

Erste Schritte
Gerätetypen und Beispielgerät

Wir nehmen unseren GPS-Navigator in die Hand und …? Schon taucht das erste Problem auf. Es gibt ziemlich viele unterschiedliche GPS-Empfänger. Zunächst einmal ganz aufwändige Profi-Anlagen zum Beispiel für Geodäten (Landvermesser). Solche Anlagen und natürlich auch militärische Systeme brauchen uns nicht weiter zu beschäftigen. Wir beschränken uns auf Geräte, die in unserem speziellen Interessenbereich, der Seefahrt, eingesetzt werden können.

Genau genommen gibt es solche Geräte aber gar nicht. Praktisch alle GPS-Anlagen können zumindest an Land und auf See genutzt werden, oft auch noch in der Sportfliegerei. Wir können die uns interessierenden Empfänger aber in zwei Gruppen einteilen: in Navigatoren für den stationären Einsatz und in tragbare Geräte. Wenn Sie ein eigenes Boot besitzen, haben Sie sich wahrscheinlich eine stationäre

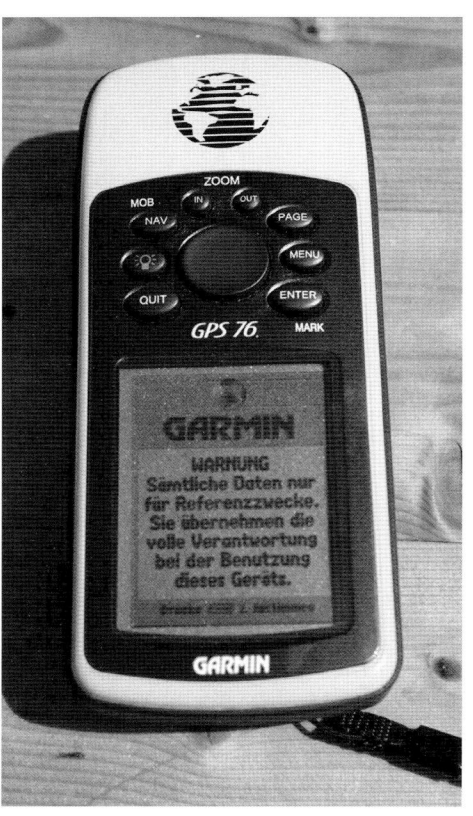

1 Der Garmin GPS76

Anlage gekauft. Wenn Sie hauptsächlich chartern, liegt jetzt vermutlich ein tragbares Gerät vor Ihnen.

Wenn wir uns im Folgenden über GPS-Navigatoren etwas konkreter unterhalten wollen, müssen wir natürlich von einem Beispiel ausgehen. Wir wählen einen tragbaren Empfänger aus, und zwar den Garmin GPS76 (Abb. 1). Auch wenn dieses Gerät in der Praxis durchaus verbreitet ist, so ist es dennoch nicht sehr wahrscheinlich, dass Sie gerade dieses besitzen*. Trotzdem müssen Sie das Buch jetzt aber nicht etwa zuklappen und es in die Reihe der gekauften und nicht gelesenen Werke In Ihrem Bücherregal einordnen.

Einschalten

Vorläufig sind wir noch an Land. Wenn Sie Ihren GPS-Navigator erfolgreich in Betrieb nehmen wollen, so müssen Sie jetzt Ihren schönen Schreibtischsessel verlassen und sich nach draußen begeben. Das Gleiche gilt, wenn wir uns mit einem Handgerät auf einer Yacht unter Deck befinden. In der Stadt könnten Sie aber auch vor der Haustür noch immer mit Schwierigkeiten zu kämpfen haben. Es ist nämlich wichtig, dass möglichst nach allen Seiten freie Sicht besteht. Sie kennen das bestimmt auch von der »Satellitenschüssel« beim Fernsehen: Wenn Bäume oder Häuser den Fernsehsatelliten »Hot Bird« oder »Astra« verdecken, ist es nichts mit den vielen neuen Kanälen. Unser Navigator muss mindestens drei GPS-Satelliten »sehen« können, wenn er korrekt arbeiten soll. In der Regel ist das bereits der Fall, wenn es in einem Bereich von etwa 180° keine oder nur niedrige Hindernisse gibt. Bei wirklichem »Rundum-Panoramablick« sind im Mittel zwischen sechs und acht Satelliten verfügbar.

Irgendwo hat unser Gerät eine Taste oder einen Schalter mit einem EIN-AUS-Symbol oder einer Bezeichnung wie *ON, POWER, PWR* oder *START*. Manchmal ist die Taste auch durch eine besondere Farbe hervorgehoben. Diese Taste betätigen wir erst einmal. Als Reaktion darauf (die Batterien bei einem tragbaren Gerät dürfen selbstverständlich nicht in den letzten Zügen liegen) erscheint irgendetwas auf der *Anzeigeeinheit (Display)*. Häufig erbarmt sich der Hersteller unseres schwachen Gedächtnisses und lässt zunächst Gerätebezeichnung und Firmenlogo auf dem Display aufleuchten.

Aufrufen einer bestimmten Seite

Wir kümmern uns zunächst nicht um die jetzt möglicherweise angezeigte Grafik, aus der wir Informationen über die empfangenen Satelliten entnehmen könnten. Stattdessen versuchen wir, ein Bedienelement mit der Bezeichnung *POS (Position)* oder *NAV (Navigation)* zu finden. Vielleicht bietet Ihr Gerät auch die Möglichkeit, direkt durch die einzelnen Display-Anzeigen zu blättern.

Alles, was der GPS-Navigator uns an Informationen liefern kann, bewahrt er in seinem Speicher auf. Diesen Speicher können Sie sich vorstellen wie ein Buch. Denn wie in einem Buch kann der Benutzer auch in diesem Speicher *blättern*, um sich bestimmte Daten anzeigen zu lassen. Wenn wir zu der richtigen Seite vorgedrungen sind, sollte endlich …

Der erste GPS-Ort

… der erste GPS-Ort angezeigt werden. Möglicherweise müssen wir einige Zeit (bis zu 15 Minuten) warten, bis die Position erscheint. Das ist vor allem dann der Fall, wenn das Gerät ganz neu in Betrieb genommen wird. Nach ei-

---

* Aus Marketinggründen ändern die meisten Hersteller mindestens im Jahresrhythmus die Bezeichnungen und auch das »Styling« ihrer Geräte, wobei die Technik in vielen Fällen nur minimal oder gar nicht modifiziert wird. Der GPS76 ist (2005) im aktuellen Angebot. Für die Hauptfunktionen von GPS-Navigatoren – und um die geht es uns hier ja – kann man allgemein gültige Aussagen machen. Obwohl wir als Beispiel ein tragbares Gerät verwenden, müssen Besitzer stationärer Anlagen nicht verzweifeln: Die Hauptfunktionen tragbarer und stationärer Anlagen sind identisch.

ner längeren Pause zum Beispiel oder dann, wenn die Batterien leer waren und auch die meist vorhandene interne Speicherbatterie entladen ist.

Allzuviel können wir mit den ausgegebenen Werten jetzt noch nicht anfangen. Wir sehen nur, dass die Breite mit N (Nord) gekennzeichnet ist und die Länge mit E (East). Dass wir (in Deutschland) auf Nordbreite und Ostlänge stehen, wussten wir aber schon vor Anbruch des GPS-Zeitalters. Trotzdem genießen wir eine Weile unseren Erfolg und überlegen uns, was wir am besten als Nächstes machen sollten.

Vorbereitung für den Einsatz auf See

Nachdem wir jetzt ein klein wenig Erfahrung gesammelt haben, wollen wir systematischer an die Sache herangehen. Wir werden uns im Folgenden etwas ausführlicher damit beschäftigen,

- wie wir mit dem Navigator »reden« wollen und was er bei seinen »Antworten« berücksichtigen soll,
- was wir über die vom Gerät gelieferten Informationen Position, Kurs und Geschwindigkeit wissen sollten,
- was Wegpunktnavigation eigentlich ist und wie uns der GPS-Navigator dabei unterstützen kann.

Wie sage ich es meinem GPS-Navigator?

GPS-Empfänger sind, wie viele andere Hightechanlagen, eigentlich Computer mit einem oder mehreren »Sinnesorganen« (Sensoren). Unser GPS-Gerät kann über seine Antenne die Funksignale der Satelliten »hören«.

Damit wir nun mit dem Computer etwas anfangen können, müssen wir irgendwie mit ihm in Verbindung treten können. Die Rechner-Spezialisten sagen: Es ist eine *Mensch-Maschine-Schnittstelle* erforderlich. In unserem Falle handelt es sich dabei um das Tastenfeld und um das Display.

Über diese Schnittstelle wollen wir nun mit dem Gerät »kommunizieren«. Was aber wollen wir ihm mitteilen? Wir beschränken uns hier zunächst auf folgende Punkte:

- Wahl der Sprache
- Wahl der Betriebsart
- Wahl der Zonenzeit oder der gesetzlichen Zeit
- Wahl des verwendeten Einheitensystems
- Wahl der für die Positionsausgabe wichtigen Parameter

Wir haben eben davon gesprochen, dass der GPS-Navigator eigentlich ein Computer ist. So ist es nicht verwunderlich, dass die Hersteller solcher Systeme für die »Unterhaltung« zwischen Mensch und Maschine auch die vom Computer her bekannten Techniken einsetzen. Alle neueren GPS-Geräte arbeiten daher mit Menü-Techniken. Wenn Sie mit PCs wenig oder gar nichts zu tun haben, brauchen Sie bei diesem eigenartigen Begriff jetzt trotzdem nicht zu verzagen. Wie wir gleich sehen werden, handelt es sich dabei um ganz simple Dinge.

Gleichzeitig werden wir versuchen, die Überlegungen jeweils an unserem Beispielgerät, dem GPS76, zu veranschaulichen.

Wahl der Sprache

Wir blättern also zunächst so lange in den angezeigten Seiten herum, bis wir das Hauptmenü gefunden haben. Ein Computer-Menü

14

ist nichts anderes als eine Zusammenstellung bestimmter Programmteile oder Funktionen (»Gänge«). Diese können einzeln angewählt und dann aktiviert werden. Das Anwählen geschieht bei GPS-Geräten meist so, dass der Anwender durch Verschieben eines Balkens die gewünschte Funktion hervorhebt. Wenn dann die Eingabetaste (üblicherweise ENTER) gedrückt wird, wird das ausgewählte Programm aktiv.

Häufig gelangt man auf diese Weise zu einer weiteren Auswahlseite, zu einem so genannten Untermenü mit mehreren Wahlmöglichkeiten.

Nehmen wir an, Sie könnten Ihr Gerät dazu überreden, sich auf Deutsch mit Ihnen zu unterhalten. Gleichwohl kann es sinnvoll sein, bei der Originalsprache zu bleiben. Der Grund dafür ist, dass auch nach der Umschaltung auf Deutsch noch manche Abkürzungen unverändert englisch bleiben oder sogar missverständlich übersetzt werden.*

Beispielgerät:

Abb. 2 zeigt das Hauptmenü des GPS76**. Wenn eine andere Sprache gewählt werden kann, dann müsste das über den Menüpunkt SETUP möglich sein. Im Falle des GPS76 könnten wir zwischen sieben verschiedenen Sprachen wählen. Da die sonst gut verständliche deutsche Anleitung die Begriffe der englischen Menüführung erklärt, lassen wir es für unser Beispiel beim Englischen. Die Bedeutung vie-

2 *Das Hauptmenü. Mit ENTER wird die schwarz unterlegte Zeile aktiviert*

ler Begriffe ist aus dem Zusammenhang erkennbar, aber bei weitem nicht aller. Die Geräte unterschiedlicher Hersteller verwenden auch nicht immer die gleichen Kürzel, und selbst in sonst guten Bedienungsanleitungen sind wesentliche Begriffe nicht erläutert oder übersetzt.

Sie finden aus diesem Grunde zu Ihrer Hilfe auf Seite 77 ein kleines englisch-deutsches Lexikon. Darin werden wichtige Fachausdrücke aus den Bereichen GPS und Navigation erklärt. Das Lexikon hilft auch bei der Übersetzung von Begriffen, die für die Beispielgeräte verwendet werden.

Wahl der Betriebsart

GPS-Navigatoren können in mehreren Betriebsarten arbeiten. Einige »Handys« bieten neben der Normalbetriebsart einen Batteriesparmodus. Dabei wird die Position nicht alle 1 bis 2 Sekunden berechnet, sondern seltener, etwa alle 5 bis 10 Sekunden. Dadurch wird die Lebensdauer der Batterien um etwa 50 % verlängert. Daneben ist es bei vielen Empfängern

---

* *Beim GPS76 wird englisch* Course *im entsprechenden Feld mit deutsch* Kurs *übersetzt.* Course *bedeutet hier aber Sollkurs; wenn man den tatsächlichen Kurs über Grund haben will, muss man für dieses Feld* Track *wählen.*

* * *Die Anzeigen auf dem LCD-Display (Flüssigkristallanzeige) des GPS76 wurden, damit sie besser lesbar sind, auf dem Rechner nachbearbeitet.*

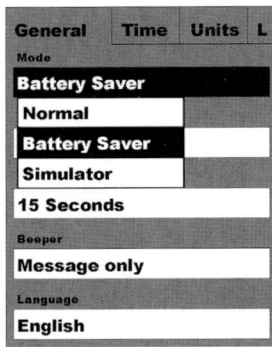

General	Time	Units	L

Mode

Battery Saver

Normal
Battery Saver
Simulator

15 Seconds

Beeper

Message only

Language

English

General	Time	Units	L

Time Format

24 Hour

Time Zone **UTC Offset**

Other	+02:00

Daylight Savings Time

Current Date

10-Aug-05

Current Time

11:35:03

3 *Setup-Menü: Die Einstellung »Battery Saver« verlängert die Lebensdauer der Batterien erheblich*

4 *Setup-Menü: Einstellung des Zeitformats (»Time Format«)*

möglich, einen Simulationsmodus zu aktivieren.

Beispielgerät:
Nach der Aktivierung des Menüeintrages SETUP mit der Seite GENERAL und dem Menü MODE erscheint das in Abb. 3 wiedergegebene Untermenü. Unter MODE erkennen Sie schwarz unterlegt: Battery Saver? Nach Betätigen der ENTER-Taste wäre dieser Modus aktiviert.

Wahl der Zonenzeit oder der gesetzlichen Zeit
Der GPS-Navigator liefert die Weltzeit UTC *(Universal Time Co-ordinated,* Zeit auf dem Meridian von Greenwich). Sie unterscheidet sich von unserer MEZ *(mitteleuropäische Zeit)* um eine Stunde. Nach MEZ ist es eine Stunde später als nach UTC. Nach MESZ *(mitteleuropäische Sommerzeit)* ist es zwei Stunden später als nach UTC. MEZ und MESZ sind Beispiele für die so genannte gesetzliche Zeit.

Segeln wir nicht auf Nordsee, Ostsee oder im Mittelmeer, treten größere Zeitunterschiede gegen die Weltzeit auf. Wir fahren dann ja normalerweise die *Zonenzeit,* die sich immer um ganze Stunden von der UTC unterscheidet. Grundsätzlich ist es östlich von Greenwich später als nach UTC, westlich früher. Dazu ein Beispiel: Östlich der Bahamas, auf 070° W, wäre der Zeitunterschied fünf Stunden, es wäre nach Zonenzeit fünf Stunden früher als nach UTC.
Bei der Zeiteinstellung besteht noch eine weitere Wahlmöglichkeit. Da fast alle GPS-Navigatoren direkt oder aber die wesentlichen Bauteile aus amerikanischer Fertigung stammen, kann die Zeit entweder in 12- oder in 24-Stunden-Form ausgegeben werden.

Beispielgerät:
Im Untermenü der Abb. 4 ist der Zeitunterschied (»UTC Offset«) auf +02:00 gesetzt. Das ist in Deutschland für das angegebene Datum korrekt, denn im August ist die gesetzliche

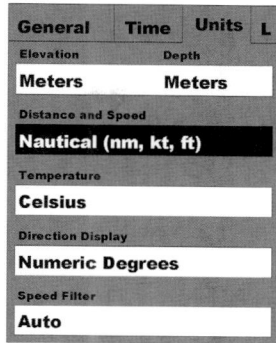

5 *Setup-Menü: Entfernung und Fahrt (»Distance and Speed«) in Seemeilen und Knoten (»Nautical nm, kt, ft«)*

Zeit die mitteleuropäische Sommerzeit. Die UTC wäre hier also 09:35:03, wenn wir die Zeit so schreiben wie das Gerät.

Wie Sie schon an 11:35:03 erkennen, ist die bei uns übliche Form der Zeitausgabe mit 24-Stunden-Zählung eingestellt worden und nicht die englisch-amerikanische mit 12 Stunden a. m. bzw. p. m. (vor Mittag bzw. nach Mittag). Eine Umstellung ist möglich über den Menüpunkt »Time Format«.

Wahl des verwendeten Einheitensystems

Wir haben schon davon gesprochen, dass GPS-Navigatoren auch an Land eingesetzt werden. Der GPS-Navigator muss dann natürlich mit anderen Einheiten operieren als wir auf See. Der Empfänger kann aus diesem Grunde beispielsweise Distanzen auch in Kilometern und Metern ausgeben, meist auch noch in amerikanischen Meilen (statute miles) und in Fuß (feet). Wir stellen das Gerät auf das nautische Einheitensystem um, also auf Seemeilen und, für die Geschwindigkeit (Fahrt), auf Knoten.

Beispielgerät:

Im Hauptmenü wird über SETUP die Seite »Units« gewählt und das in Abb. 5 gezeigte Menü erreicht. Dort ist unter »Distance and Speed« NAUTICAL ausgewählt worden. Bei kurzen Entfernungen (unter 0,1 Seemeilen) wechselt die Anzeige allerdings in Fuß (ft), z.B. die Angabe für die Genauigeit der Position (Accuracy).

Wahl der für die Positionsausgabe wichtigen Parameter

Für Anwender an Land sieht der Hersteller bestimmte Formen der Positionsausgabe vor, die für uns auf See nicht in Frage kommen.

Zunächst einmal sollten wir uns, wenn eine Wahlmöglichkeit besteht, für die so genannte zweidimensionale Ortsbestimmung (2D-Ortung) entscheiden. Gemeint ist damit, dass die Position in der Ebene gemessen wird, nicht dreidimensional, wie es für Flugzeuge interessant wäre. Die dritte Dimension wäre die für Anwendungen in der Seefahrt nicht erforderliche Höhe. Bei vielen Geräten ist diese Auswahl jedoch nicht möglich. Sie schalten automatisch in den 3D-Betrieb, wenn mehr als drei Satelliten erfasst werden. Wenn Ihr Gerät im 2D-Betrieb arbeiten kann, geben Sie als Höhe die Antennenhöhe über der Wasseroberfläche ein.

Dann ist festzulegen, wie die Position angezeigt werden soll. Wir wählen die Ausgabe nach Breite und Länge, wie wir es von der Seekarte her kennen und gewohnt sind. Viele GPS-Navigatoren können die Koordinaten (Breite und Länge) auch noch in unterschiedlicher Form, dem so genannten *Format*, ausgeben. So ist eine Angabe in Grad und Minuten mit meistens drei Nachkommastellen möglich. Alternativ kann eine Position auch in Grad,

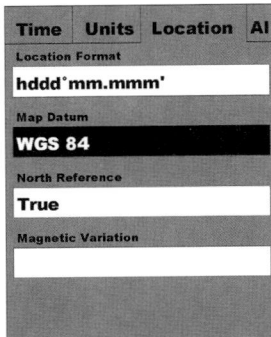

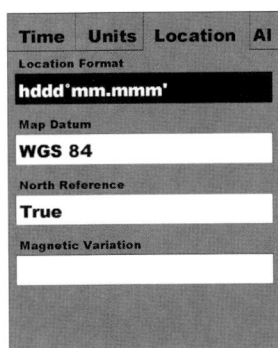

6 *Setup-Menü: Kartendatum ist das World Geodetic System 1984 (WGS 84)*

7 *Setup-Menü: Ausgabeformat für die Position*

Minuten und Sekunden erscheinen. Wir entscheiden uns für Grad und Minuten.

Als Nächstes wählen wir das *Kartendatum* aus. GPS arbeitet »von Haus aus« mit dem so genannten WGS 84. Wir stellen den Navigator immer auf das Kartendatum ein, das wir auf der verwendeten Seekarte finden.

Beispielgerät:

Wir lassen unser Gerät auf dem voreingestellten Kartendatum WGS 84 (Abb. 6). Die Art der Positionsanzeige, das gewählte Ausgabeformat, ist hddd°mm.mmm', also Grad (d: degrees) und Minuten mit drei Nachkommastellen. Das »h« vor ddd… steht für »header«, weist also darauf hin, dass je nach Koordinate vor den Zahlenwerten noch N oder S und E oder W erscheinen (Abb. 7).

Wahl der für Kurse und Peilungen verwendeten Bezugsrichtung

Unser GPS-Navigator kann, wie wir noch sehen werden, nicht nur die Position berechnen, sondern auch Kurse und Peilungen. In der Navigation haben wir irgendwann einmal gelernt,

dass Kurse auf unterschiedliche Richtungen bezogen sein können. Gehen wir von der rechtweisenden Nordrichtung (geografische Nordrichtung, rwN) aus, haben wir rechtweisende Kurse. Beziehen wir uns dagegen auf die missweisende Nordrichtung oder auf Magnetkompass-Nord, erhalten wir missweisende beziehungsweise Magnetkompasskurse. Entsprechendes gilt für Peilungen. Wir sollten als Bezugsrichtung rwN wählen.

Beispielgerät:

Bei unserem Beispielgerät ist unter »North Reference« – schwarz unterlegt – *True* zu lesen (Abb. 8). Das bedeutet, dass sich alle Kurse und Peilungen auf die rechtweisende Nordrichtung *(True North)* beziehen.

Es ist bei diesem Gerät auch möglich, die missweisende Nordrichtung als Referenzrichtung auszuwählen. Das kann zum Beispiel im Automatikmodus erfolgen. Dann braucht man die Missweisung nicht mehr der Seekarte zu entnehmen – sie erscheint dann in dem Feld »Magnetic Variation«.

In der alternativen manuellen Betriebsart muss

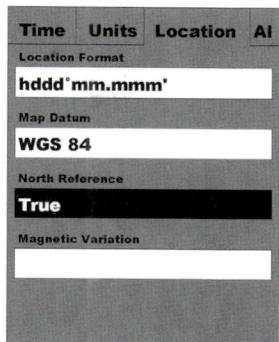

8 Setup-Menü: Richtungen auf rechtweisend Nord bezogen (»True North«)

die Missweisung von Hand eingegeben werden. In den Anzeigefeldern erscheint dann unter dem Gradsymbol ein M (Magnetic) anstelle des T (True). Bei aufwändigeren GPS-Navigatoren kann auch die Magnetkompassablenkung in Abständen von zum Beispiel 45° eingetippt werden. Dann werden die Missweisung und die jeweilige Ablenkung berücksichtigt. Der Benutzer kann sich wahlweise rechtweisende oder auf Magnetkompass-Nord bezogene Werte ausgeben lassen.

Was müssen wir über die ausgegebenen Werte Position, Kurs und Geschwindigkeit wissen?

Auf See sind wir ja noch nicht. Wir haben zu der Seite geblättert, auf der die Position ausgegeben wird. Sehen wir uns die Anzeige doch einmal etwas genauer an! Wir beginnen mit der Position. Diese wird durch die Angabe von Breite und Länge festgelegt, vielleicht bei Ihrem Gerät auch noch zusätzlich mit LAT (La-

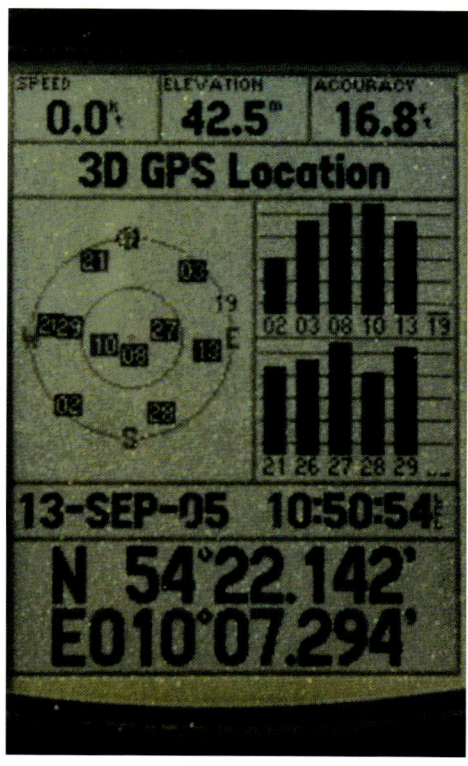

9 Die Positionsseite des GPS76. Die kreisrunde Grafik gibt einen Überblick, in welcher Richtung und Höhe die Satelliten jeweils stehen

titude, Breite) und LON (Longitude, Länge) gekennzeichnet. Beide Koordinaten werden in Grad und Minuten angezeigt. Die Minuten meist auf drei Stellen hinter dem Komma bzw. hinter dem in den USA dafür gebräuchlichen Dezimalpunkt (Abb. 9).

Wenn wir die Positionsanzeige beobachten, erkennen wir, dass zumindest die letzte Stelle hinter dem Dezimalpunkt bei der Breite und bei der Länge häufiger einen anderen Wert annimmt. Und das, obwohl wir unsere Position gar nicht verändern.

Die Ursache dafür ist, dass GPS nicht beliebig genau ist, GPS-Orte sind fehlerbehaftet. Sie springen daher häufiger hin und her. Wenn wir die Nordrichtung oder eine andere Himmelsrichtung von unserer Testposition aus kennen, können wir in diese Richtung marschieren. Wenn wir genau nach Osten (nach rechtweisend Ost) gehen, müsste die Breitenanzeige bis auf die eben betrachteten Schwankungen konstant bleiben, während die Länge entsprechend östlicher wird. Bewegen wir uns nach Norden (nach rechtweisend Nord), bleibt die Länge konstant (wieder bis auf die Schwankungen), und die Breite wird nördlicher.

Haben Sie bei der Wanderei von eben auf die Kursanzeige geachtet? Da wir als Bezugsrichtung die rechtweisende Nordrichtung ausgewählt haben, werden auch rechtweisende Kurse angezeigt. So ganz genau kriegen wir das Marschieren nach rwN natürlich nicht hin. Die Folge ist, dass die Kursanzeige auf mehr oder weniger starkes »Gieren« hinweist. Aber selbst wenn wir uns ganz genau in eine Richtung bewegt hätten, wäre auch hier wegen der Fehler wieder mit Schwankungen zu rechnen.

An Land gibt es natürlich das Problem Kurs durchs Wasser oder Kurs über Grund nicht. Für später merken wir uns aber schon, dass der *Kurs über Grund (KüG)* angezeigt wird! Schließlich könnten wir noch checken, wieviel Knoten wir laufen. Das über das Hin- und Herspringen oder Schwanken Gesagte gilt natürlich auch für die Fahrt.

Beispielgerät:

Vor dem Test wurde die Betriebsart des Beispielgerätes vom Batterie-Sparmodus auf den Normalmodus geändert, da der GPS-Navigator

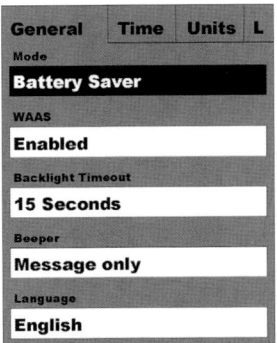

10 *Setup-Menü: vor dem Probegang von Batterie sparen (»Battery Saver«) wieder in den Normalmodus stellen*

sonst zu langsam und zu träge reagieren würde (Abb. 10).

Wir befinden uns in Kiel auf der Holtenauer Hochbrücke. Bevor wir loswandern, blättern wir noch mit »PAGE« durch die fünf verschiedenen Hauptseiten, denn wir brauchen eine Anzeige mit Kurs und Fahrt. Wir finden eine Seite mit Kompassdarstellung und den Feldern SPEED und COURSE darüber. Statt COURSE (Sollkurs) müssen wir TRACK (Kurs über Grund) auf die Anzeige bekommen, die Voreinstellung bietet das nicht.

Das Layout dieser Darstellung und die Funktionen in den Feldern können wir aber ändern (Abb. 11), indem wir das gewünschte Feld aktivieren. Mit Drücken von Menütaste, Wipptaste und ENTER kommen wir in das Feld oben rechts und in eine Auswahlliste, in der wir TRACK auswählen (mit ENTER bestätigen).

Danach gehen wir los und sehen am »Track«, dass wir uns mit ungefähr 3 Knoten in etwa Richtung 194° bewegen (rechtweisend, denn der Navigator war ja auf True North eingestellt worden). Die Kompassrose dreht sich entsprechend mit (Abb. 12).

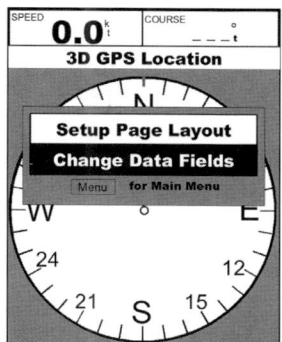

11 *Die Einstellungen für die einzelnen Felder in der Anzeige lassen sich ändern (»Change Data Fields«)*

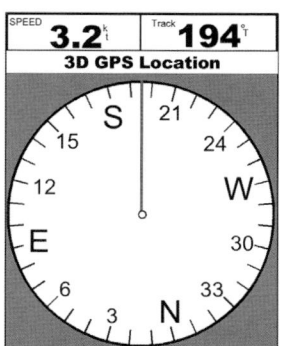

12 *Die Kompassseite bei zügiger Wanderung über die Kiel-Holtenauer Hochbrücke Richtung Süden*

Sobald wir stehen bleiben, beginnt die Track-Anzeige stärker zu schwanken – die Fahrt über Grund (SPEED) geht auf 0 runter. Wenn wir das Gerät in der Hand drehen, erscheint keine neue oder vernünftige Kursrichtung. Unser Gerät kennt keinen absoluten Richtungsbezug, es ermittelt den Kurs vielmehr aus den kurz hintereinander gemessenen Positionen. Bei der Position können wir von einer Genauigkeit von etwa 5 bis 10 m ausgehen. Die Genauigkeit kann aber auch schlechter sein (vgl. S. 58).

Da der GPS76, sobald er mehr als drei Satelliten empfängt, automatisch in den 3D-Modus schaltet, können wir auch unsere Höhe ablesen (Abb. 9). Die Höhe ist im Gegensatz zur Position allerdings mit größeren Fehlern behaftet. Sie ändert sich um größere Beträge und wäre beispielsweise für einen Bergwanderer nur sehr bedingt brauchbar. Bei der Fahrtmessung aber kommt es zu deutlich genaueren und durchaus brauchbaren Ergebnissen. Zu beachten ist vor allem, dass der Navigator die *Fahrt über Grund* liefert, während ein Log immer die Fahrt durchs Wasser anzeigt*.

Was ist Wegpunktnavigation und wie wird sie vorbereitet?

Wohl in jedem GPS-Handbuch nimmt die Wegpunktnavigation die meisten Seiten ein. Kann man daraus schließen, dass diese Technik wirklich die zentrale Möglichkeit der GPS-Navigation darstellt? Wir werden sehen.

Wegpunkte und Routen

Zunächst einmal: *Wegpunkte* sind nichts anderes als Positionen, die wir im Speicher unseres GPS-Navigators deponieren können. Außerdem können wir mehrere Wegpunkte zu einer *Route* zusammenfassen.

Welche grundlegenden Möglichkeiten bietet die Wegpunktnavigation?

Wenn der Computer in unserem Navigator die Wegpunkte erst einmal »kennt«, dann kann er

---

* In der Großschifffahrt gibt es Loggen, mit denen bis zu Wassertiefen von etwa 600 bis 800 m auch die Fahrt über Grund bestimmt werden kann.

auch beliebig mit ihnen hantieren. Es gibt die folgenden grundlegenden Möglichkeiten:

- Berechnung von Kursen und Distanzen zwischen Wegpunkten
- Berechnung von Peilung und Abstand zu einem Wegpunkt, bezogen auf die aktuelle Position
- Berechnung der voraussichtlichen Ankunftszeit *(ETA)* bei einem Wegpunkt
- Bestimmung des so genannten *Cross Track Errors (XTE)*
- Auslösung eines Alarms, wenn sich das Schiff bis auf eine vorgegebene Distanz einem Wegpunkt genähert hat

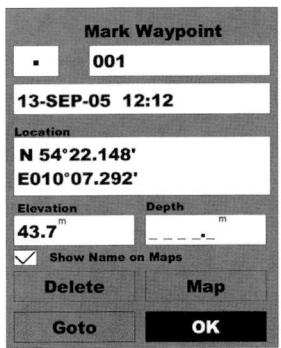

13 *Einen Wegpunkt markieren: 2 s die ENTER-Taste drücken, dann erscheint die Seite »Mark Waypoint« mit der aktuellen Position*

Wir machen noch mal einen kleinen Gang, diesmal geben wir vorher unsere Anfangsposition als Wegpunkt ein. Dorthin wollen wir nach etwa 200 m zurückkehren. Bei den meisten GPS-Geräte gibt es eine einfache Möglichkeit, eine aktuelle Position als Wegpunkt zu speichern. Für den GPS76 genügt es, die ENTER-Taste etwa zwei Sekunden lang zu drücken und in der Anzeige auf dem Feld »OK« zu bestätigen (Abb. 13).

Wenn wir wollen, können wir bei der Gelegenheit mal sehen, was unser Gerät von unserem kleinen Trip speichert. Im Setup-Menü gibt es nämlich eine Zeile mit der Bezeichnung »Trip Computer« (vielleicht heißt sie bei Ihrem Gerät auch anders), und da speichert das Gerät einige Eckdaten unserer Touren ab. Wir können die Reisedaten vergangener Touren löschen und hinterher z. B. Durchschnitts- und Höchstgeschwindigkeit, Reise- und Tourdistanzen unserer kleinen Wanderung betrachten. Wir stellen außerdem im Setup-Menü bei »Alarms« unter »Approach and Arrival« einen Alarm ein. (Setup erreichen wir wieder über »Main Menue« wie in Abb. 2.) Der soll

ertönen, sobald wir zum Wegpunkt einen Abstand unterschreiten, den wir selbst wählen können. Zu den Alarmen kommen wir aber später noch, darauf soll es jetzt nicht ankommen.

An unserem Wendepunkt aktivieren wir unsere Ein-Wegpunkt-Route, indem wir über »Nav« (Navigate) den Wegpunkt auswählen, den wir vorhin abgespeichert haben. Die meisten Geräte haben irgendwo ein Menü, das »go to Waypoint« zeigt. Manchmal muss man dann noch extra dafür eine Route benennen und aktivieren. Eine Abkürzung zur Aktivierung einer Wegpunktnavigation bietet meist die MOB (Man Over Bord)-Funktion, mit der direkt die aktuelle Position als Wegpunkt gespeichert und die Navigations-Funktion aktiv wird.

Wenn wir jetzt wieder durch die Anzeigeseiten blättern, tauchen auf einmal Zahlen in Feldern auf, die vorher nur Striche hatten. Jetzt können wir »Course« (Sollkurs) nutzen, das ist der Anfangskurs zum Wegpunkt.

Dann gibt es vielleicht die Anzeige »Bearing to

14 *Ausschnitt der Karte 503/S203 mit dem Wegpunkt 1 an der W-Tonne*

Waypoint«, also die Peilung zum Wegpunkt. Weiterhin haben wir die Entfernung zum Wegpunkt und häufg auch die erwartetete Ankunftszeit ETA (Estimated Time of Arrival), die natürlich erst sinnvoll werden kann, wenn wir uns in Richtung Ziel bewegen.

Da sind wir beinahe schon mitten in der Wegpunktnavigation, die wir später an einem Beispiel behandeln werden. Wenn wir nun aber auf unseren vorhin eingegebenen Wegpunkt zuwandern, könnten wir bei »Course« (Sollkurs) unseren Kurs zum Wegpunkt sehen und schließlich ein Piepen hören, vorausgesetzt, wir haben den Alarm eingestellt.

Wir machen eine Reiseplanung

Jetzt wird es erheblich konkreter. Es gilt die Wegpunktnavigation im Rahmen einer kleinen Reise im Kattegat einzusetzen und die Planung dafür mithilfe unseres GPS-Navigators durchzuführen. Unser Schiff ist ein Gaffelkutter, mit dem wir von Anholt nach Østerby auf Læsø wollen. Zwar gibt es auf unserem Schiff schon mehrere fest eingebaute GPS-Geräte, aber wir richten zunächst das Augenmerk auf unser tragbares Handy.

Wie gehen wir vor? Zunächst holen wir die Seekarten heraus, in diesem Fall steht der Delius-Klasing-Sportbootkartensatz 5 zur Verfügung. Wir benötigen die Blätter 503A, 503, 502 und 536.

15 *Ausschnitt der Karte 502/S202: die Weg-punkte 2 und 3, dazu der XTE als Abstandshalter zu den Untiefen*

Nach dem Auslaufen aus Anholt wählen wir zunächst einen Kurs auf die West-Tonne nord-westlich von Nordvestrev zu, bei ihr soll unser erster Wegpunkt liegen (Abb 14).

Als zweiten Wegpunkt wählen wir die be-leuchtete Ost-Tonne südöstlich Kobbergrun-den (Abb. 15), südlich von Læsø.

Bei der grünen Tonne nordöstlich des Læsø NE-Flak soll unser dritter Wegpunkt sein. Der vierte und fünfte führen westlich um eine Untiefe herum. Der letzte Wegpunkt liegt direkt vor der Hafeneinfahrt von Østerby (Abb. 16).

In Tabelle 1 sind die Ergebnisse zusammenge-stellt. Jetzt geben wir die Wegpunkte in den Navigator ein und fassen sie zu einer Route zu-sammen. Die Eingabetechniken weichen bei den einzelnen Geräten ein wenig voneinander ab, sind aber grundsätzlich kaum verschieden.

Ganz wichtig ist es, die gespeicherten Werte nochmals sorgfältig mit den no-tierten Werten zu vergleichen und auch diese noch einmal in der Karte zu kon-trollieren.

Wegpunkt	Bezeichnung	Breite	Länge	Kurs/Distanz
Anholt Nordvestrev	W 001ANHOLT	N 56°46,90'	E 011°22,10'	
Koppergrund E	002KOPP-E	N 57°07,81'	E 011°22,90'	001° 20,9 sm
gn. T. Læsø NE Flak	003LAES-N	N 57°22,65'	E 011°15,70'	345° 15,3 sm
r. T.Engelsmandsbanke	004ENGELS	N 57°20,68'	E 011°07,50'	245° 4,7 sm
W-lich Sælhunderev	005SAELHU	N 57°20,00'	E 011°07,50'	197° 0,7 sm
Hafeneinfahrt Østerby	006OESTER	N 57°19,36'	E 011°07,70'	171° 0,6 sm

Tabelle 1

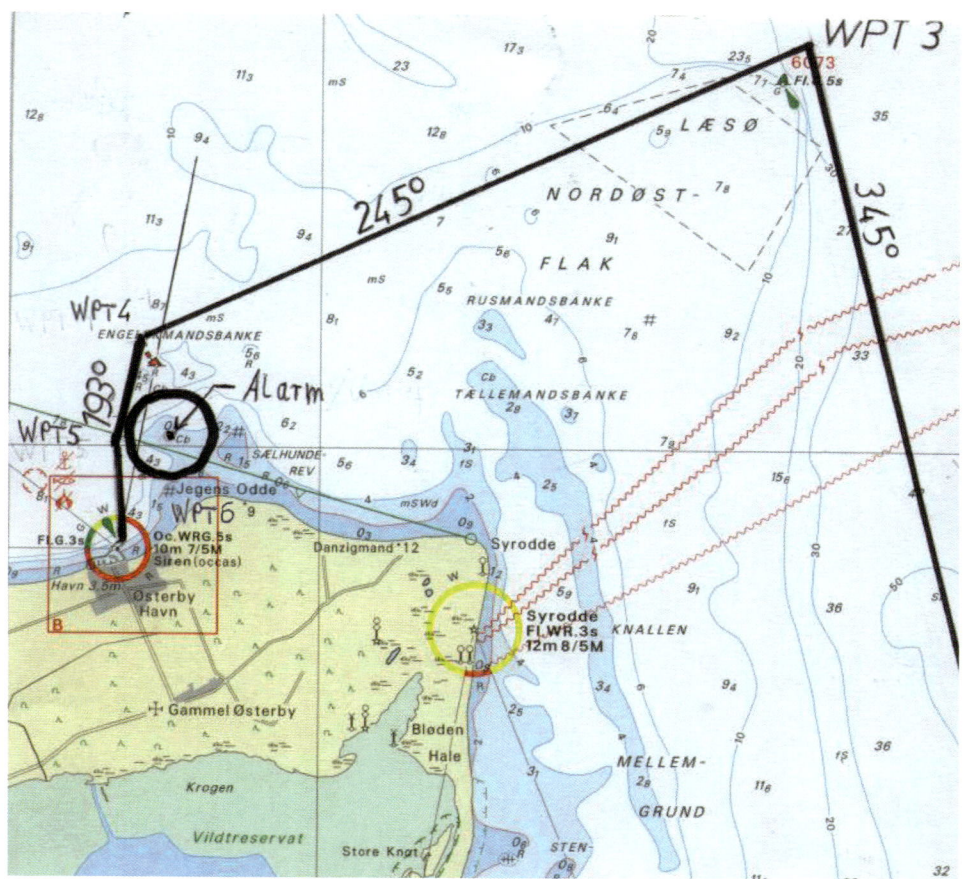

16 *Ausschnitt der Karte 536/S236: die Wegpunkte 3, 4, 5 und 6 und der Alarmkreis um die Untiefe*

Man kann sich ungemein leicht vertun, und die Konsequenzen einer Falscheingabe wären unter Umständen äußerst unangenehm.

Wie bei unserem Mustergerät vorzugehen ist, finden Sie unter »Beispielgerät« auf S. 26. Der GPS-Navigator berechnet sofort die Kurse und Distanzen zwischen den Teilstrecken. Da wir diese Werte der Karte entnommen haben, ergibt sich eine weitere Kontrollmöglichkeit.

Jetzt ist unser Navigator so weit vorbereitet, dass wir die Möglichkeiten der Wegpunktnavigation auch tatsächlich nutzen können. Das machen wir hier aber gleich in der Praxis auf See (Kapitel »GPS in der Praxis auf See«, S. 27). Ein Tipp ist vielleicht noch ganz hilfreich. Vor allem, wenn Sie noch wenig Erfahrung mit Ihrer neuen Errungenschaft haben, sollten Sie für einen ausführlichen Test Ihrer geplanten Route

17 Mit »Mark Waypoint« nacheinander die Wegpunkte eingeben

18 Im Hauptmenü »Routes« wählen

unbedingt den *Simulationsmodus* verwenden. Damit Sie die Route nun nicht in »Echtzeit« absegeln müssen – dann müssten Sie bei einem etwas längeren Törn die »Handy«-Batterien vermutlich mehrfach erneuern –, nehmen Sie einfach eine entsprechend hohe Fahrt. Sie können auf diese Weise in aller Ruhe und völlig problemlos überprüfen, wie Ihr Gerät sich in der Praxis verhalten wird. Sie können beispielsweise gefahrlos Kurs und/oder Fahrt ändern und beobachten, was sich tut.

Bevor wir auslaufen, sehen wir uns noch an, wie die besprochenen Eingaben bei unserem Beispielgerät vorgenommen werden müssen.

Beispielgerät:

Mit der ENTER-Taste (etwas länger drücken) rufen wir wieder die Seite »Mark Waypoint« auf. Nun können wir einen Wegpunkt nach dem anderen eintragen (Abb. 17). Die automatische Nummerierung ist dabei ganz nützlich, aber wir ergänzen sie noch durch kurze Bezeichnungen für jeden Wegpunkt. Das Eintippen mit der Wipptaste ist vielleicht nicht so kom-

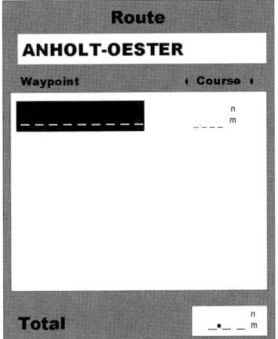

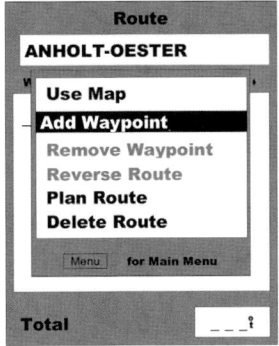

19 Eine neue Route anlegen

20 Mit Menü-Taste nacheinander die Wegpunkte einfügen (»Add Waypoint«)

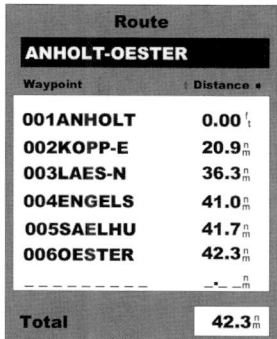

Route	
ANHOLT-OESTER	
Waypoint	Distance
001ANHOLT	0.00 $_m^n$
002KOPP-E	20.9 $_m^n$
003LAES-N	36.3 $_m^n$
004ENGELS	41.0 $_m^n$
005SAELHU	41.7 $_m^n$
006OESTER	42.3 $_m^n$
– – – – – – – – – –	–.– $_m^n$
Total	42.3 $_m^n$

21 *Die Route Anholt – Østerby ist fertig eingegeben. Das GPS-Gerät rechnet sofort die Distanzen aus*

fortabel wie bei einem Mobilfunk-Handy. Bei einer wachsenden Sammlung eigener Wegpunkte für unterschiedliche Routen hat das aber den Vorteil, dass man in einer Liste die Wegpunkte anhand von Namen leichter identifizieren kann als an den Nummern allein.

Wenn wir einen Wegpunkt fertig eingegeben haben, wandern wir mit der Wipptaste zum Feld OK und drücken ENTER. Mit längerem Drücken der ENTER-Taste speichern wir nicht nur den gerade eingegebenen Wegpunkt ab, sondern rufen gleichzeitig das Mark-Waypoint-Menü wieder auf.

Unsere gesammelten Wegpunkte können wir nun zu einer Route zusammenfügen (Abb. 18). Dazu rufen wir im Hauptmenü die Routenseite auf und legen eine neue Route an mit dem Namen »Anholt – Øster« (für die letzten Buchstaben ist kein Platz mehr – Abb. 19). Nacheinander fügen wir jetzt unsere Wegpunkte ein (Abb. 20), bis die Route komplett ist. Abb. 21 zeigt die vollständige Route. In der rechten Spalte sehen wir gleich, wie bei jedem Wegpunkt die Gesamtdistanz wächst: Insgesamt sind es 42,3 sm.

GPS in der Praxis auf See

Von Anholt über Østerby auf Læsø nach Skagen

Nachdem der Vortag völlig verregnet war, können wir heute ganz zufrieden sein. Um 11:15 verlassen wir Anholt und laufen unter Maschine auf den ersten Wegpunkt zu, die W-Tonne (Abb. 14). Wir setzen Klüver, Fock und Großsegel und segeln bei 4 bis 5 Bft aus W.

Aktivieren der vorgeplanten Route
Um 12:40 sind wir an der Tonne und aktivieren unsere Route. Das machen wir mit der NAV-Taste. Es taucht dann ein Untermenü auf, in dem NAVIGATE ROUTE zur Wahl steht … und weiter mit ENTER über SELECT ROUTE finden wir unsere Route … ENTER … fertig. Bei einigen Geräten muss auch noch der jeweils anzusteuernde Wegpunkt aktiviert werden.

Welche Informationen liefert mir der Navigator beim Fahren auf der Route?
Das GPS-Gerät liefert ständig die folgenden Informationen:
- Kurs über Grund (KüG)
- Fahrt über Grund (FüG)
- rechtweisende Peilung und Abstand des angesteuerten Wegpunktes
- ETA-Wegpunkt (voraussichtliche Ankunftszeit am Wegpunkt)
- Versetzung, senkrecht zur geplanten Kurslinie (XTE: *cross track error* oder *Off Course*)

Dazu, bei Annäherung an den Wegpunkt:
- Alarmierung bei Annäherung an den Wegpunkt

Die genannten Informationen werden Sie heute bei allen GPS-Navigatoren finden. Un-

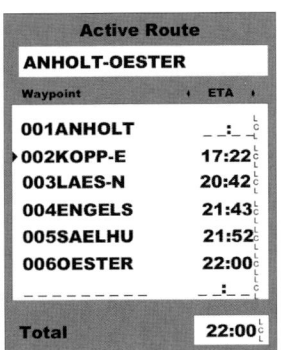

Active Route	
ANHOLT-OESTER	
Waypoint	◄ Course ►
001ANHOLT	**001**ᵗ
►**002KOPP-E**	**345**ᵗ
003LAES-N	**245**ᵗ
004ENGELS	**197**ᵗ
005SAELHU	**171**ᵗ
006OESTER	
_ _ _ _ _ _ _ _ _	- - - ᵗ
Total	**346**ᵗ

22 *Die Seite »Active Route«*

Active Route	
ANHOLT-OESTER	
Waypoint	◄ ETA ►
001ANHOLT	_ _:_ ᴸᶜ
►**002KOPP-E**	**17:22**ᴸᶜ
003LAES-N	**20:42**ᴸᶜ
004ENGELS	**21:43**ᴸᶜ
005SAELHU	**21:52**ᴸᶜ
006OESTER	**22:00**ᴸᶜ
_ _ _ _ _ _ _ _ _	_ _:_ _
Total	**22:00**ᴸᶜ

23 *Die voraussichtliche Ankunftszeit wird der aktuellen Fahrt angepasst*

terschiede gibt es im Wesentlichen nur bei der Art der Darstellung, der Kombination der Werte und auch bei den verwendeten Abkürzungen. Wir sehen uns im Folgenden die Verhältnisse beim GPS76 an.

Beispielgerät:
Jetzt können wir wieder durch die Hauptseiten blättern. Nach der Positionsseite gelangen wir auf die MAP-Seite. Mit einer sehr einfachen Grafik, die außer einer weltweiten Sammlung von Leuchtfeuern und Städten bei entsprechendem Vergrößern oder Verkleinern (Zoom in/out-Knöpfe) auch die Verbindungslinien der Wegpunkte zeigt. Auf der Kompassseite haben wir wieder die Kompassrose, KüG und FüG (TRACK und SPEED) mit 001° und 4,6 kn (K mit tiefer gestelltem T, von knots). Die Kompassrose hat jetzt einen Pfeil in der Mitte, er zeigt Richtung Wegpunkt (n mit tiefer gestelltem m von nautical miles). Die Höhe (Elevation) ist nicht zuverlässig und interessiert uns hier nicht weiter.

Jetzt blättern wir zur Seite mit der aktiven Route (Abb. 22). Wir sehen, dass die Seite »Active Route« endlich etwas anzeigt, nämlich die Daten zu unseren Wegpunkten (Abb. 17). Hier können wir jetzt mit der Wipptaste in der rechten Spalte außer der Distanz eine Reihe anderer Werte anzeigen lassen. Der Navigator listet auch die ETA-Werte der einzelnen Wegpunkte auf sowie die Kurse. Die Zeiten werden unter Berücksichtigung der aktuellen Fahrt berechnet, hier also mit 4,6 kn. Ändert sich die Fahrt, so ändern sich natürlich auch die ETA-Werte (Abb. 23).

Ein Highway auf dem Wasser?
In der Liste der Informationen, die uns ein GPS-Gerät beim Befahren einer Route liefert, gibt es noch einen Begriff, der bisher nicht erklärt wurde: den so genannten *Cross Track Error* oder *XTE* – bei unserem Beispielgerät mit »Off Course« bezeichnet, aber das Kürzel XTE ist gebräuchlicher. Das »X« wird als »cross« (Kreuz) gelesen. Vielleicht erinnert Sie das an Ihren USA-Urlaub und an die Fußgängerübergänge: *Pedestrians XING!*

Eigentlich müsste das Fahren nach GPS ganz einfach sein. Wir betrachten die aktuelle rechtweisende Peilung (rwP) als zu steuernden Kartenkurs (KaK) und halten am Magnetkompass den daraus bestimmten Magnetkompasskurs (MgK).

Wenn wir einen Fluxgatekompass fahren oder vernachlässigbar kleine Ablenkungen am Kompassort annehmen können, brauchen wir nur die Missweisung zu berücksichtigen. Das kann uns der GPS-Navigator übrigens auch noch abnehmen, da er weltweit die Größe der Missweisung kennt. Wir waren bei der Besprechung der Nordrichtungen auf S. 18/19 schon einmal kurz auf diesen Punkt zu sprechen gekommen.

Wie Sie wissen, gibt es da allerdings ein kleines Problem: den Einfluss von Strom und Wind nämlich. Außerdem sind unsere Aussagen über die Ablenkungswerte des Magnetkompasses und die GPS-Missweisungen bestimmt nicht hundertprozentig richtig. Hinzu kommt, dass nicht beliebig genau gesteuert werden kann, schon gar nicht auf einem Sportfahrzeug. Also werden wir versetzt. Eine auftretende Versetzung könnten wir an der Änderung der Peilung zum nächsten Wegpunkt *(Bearing to Waypoint)* erkennen und entsprechend reagieren.

Es gibt nun eine sehr nützliche Größe, die uns hilft, eine Versetzung frühzeitig zu erkennen, und die uns auch bei einer eventuellen Kurskorrektur unterstützt. Diese Größe ist der schon mehrfach erwähnte XTE.

Der *cross track error* wird grafisch oft auf dem CDI *(course deviation indicator,* Kursabweichungsanzeige) dargestellt. In den letzten Jahren hat sich mehr und mehr die *Autobahn-Darstellung (highway)* durchgesetzt. Da Versetzungen naturgemäß mehr oder weniger groß ausfallen können, ist der Maßstab für die grafische Darstellung in der Regel wählbar. Wir betrachten am besten gleich die Gegebenheiten bei unserem Gerät.

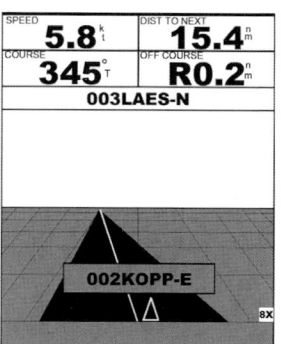

24 *Die Autobahn zeigt zum nächsten Wegpunkt. An der Tonne sind wir 0,2 sm (nm) von der Sollkurslinie entfernt*

Beispielgerät:

Der Garmin GPS76 hat auch eine Autobahnseite, auf der perspektivisch eine Bahn mit einer Mittellinie in Richtung nächster Wegpunkt zeigt. Das kleine Dreieck am unteren Ende der Bahn ist unser Schiff, das sich etwas rechts von der Mittellinie befindet. Abb. 24 zeigt die Autobahnseite gegen 16:35 beim Passieren des zweiten Wegpunktes. Auch in diesem Fall werden wieder Peilung und Abstand sowie KüG und FüG angezeigt*.

Was passiert eigentlich noch, wenn wir den Wegpunkt erreichen? Auch dieser Frage wollen wir wieder einen eigenen Abschnitt widmen.

Alarmierung bei Wegpunkt-Annäherung, Gefahrenradius

Wie wir schon besprochen haben, berechnet der GPS-Navigator ständig Abstand und Peilung des aktuellen Wegpunktes und liefert außerdem mit ETA noch die zugehörige Zeit.

---

* COURSE ist unser Sollkurs, die Verbindung zwischen zwei Wegpunkten. Für eine jeweils aktuelle Peilung zum Wegpunkt brauchen wir die Angabe BEARING TO WAYPOINT, für die wir in der Anzeige ein Feld ändern müssten.

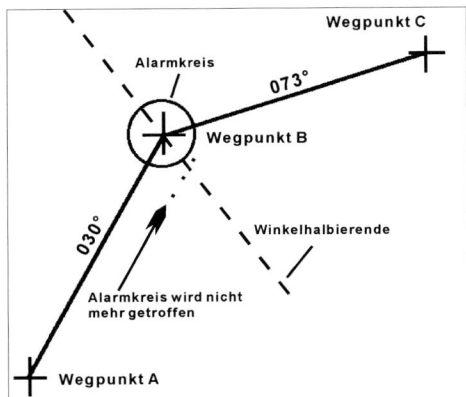

25 *In diesem Fall wird der Alarmierungskreis nicht mehr getroffen, wohl aber die Winkelhalbierende (gestrichelte Linie)*

Durch Beobachten der angezeigten Werte könnten wir also sofort erkennen, wann der Wegpunkt, sagen wir, nur noch eine halbe Meile entfernt ist. Der GPS-Navigator bietet aber zusätzlich noch eine nutzerfreundlichere Möglichkeit.

Bei den meisten Geräten kann ein Alarmierungskreis um den Wegpunkt gelegt werden. Überschreitet das Schiff diesen Kreis, wird ein Alarm, der so genannte *Annäherungsalarm*, ausgelöst. Meist wird gleichzeitig der nächste Wegpunkt aktiviert. Bei manchen Systemen muss der nächste Wegpunkt manuell aktiviert werden. Von Vorteil ist ein solcher Alarmierungskreis vor allem deswegen, weil wir ihn auch bei vom Sollkurs abweichenden Kursen treffen würden. Das könnte zum Beispiel der Fall sein, wenn wir bei Versetzungen nicht aufsteuern wollen.

Eine besonders interessante Einsatzmöglichkeit ist die Folgende:

Wir wollen sicherstellen, dass unser Schiff mindestens 0,3 Seemeilen abbleibt von einer Un-

tiefe. Einfache Navigatoren könnten die Gefahrenstelle dann als Wegpunkt behandeln. Natürlich darf in diesem Fall nicht der zur Gefahrenstelle führende Kurs gehalten werden. Bei anspruchsvolleren Geräten kann diese Position speziell gekennzeichnet und abgespeichert werden. Die normale Wegpunktnavigation steht weiterhin uneingeschränkt zur Verfügung.

Läuft ein Alarm auf, ist unser Schiff in den Alarmierungskreis geraten, und wir können rechtzeitig Gegenmaßnahmen einleiten. Diese Technik wird vor allem in der Großschifffahrt eingesetzt.

Bei etwas aufwändigeren GPS-Navigatoren gibt es noch weitere Möglichkeiten. Eine davon ist die Methode der Winkelhalbierenden. In Abb. 25 steht das Schiff zwischen den Wegpunkten A und B. Durch Ausweichmanöver ist eine größere Versetzung aufgetreten. Der um B gezogene Alarmierungskreis würde daher auf dem gewählten Kurs nicht mehr getroffen. Die Winkelhalbierende wird aber auf jeden Fall erreicht, sodass auch in einem solchen Fall die Alarmierung sichergestellt ist.

Die MOB-Funktion

Im Zusammenhang mit dem Thema Wegpunkt noch eine Anmerkung zur MOB oder POB (Man bzw. Person over Bord)-Funktion. Ihre Aktivierung schaltet sofort in den Navigationsmodus. Meist werden dann Peilung und Entfernung zur Position der Aktivierung angezeigt. So nützlich die Funktion sein kann, man darf eines nicht vergessen: Ein über Bord gefallener Mensch driftet durch Seegang und Strom, wovon das GPS-Gerät nichts »weiß«. Mit der Zeit wird sich eine driftene Person immer weiter von ihrer Ausgangsposition entfernen.

Beispielgerät:
Beim GPS76 gibt es die Möglichkeit, einen Annäherungsalarm mit wählbarem Radius einzustellen. Kurz vor unserem Zielhafen Østerby liegt eine Untiefe. Diese können wir meiden, wenn wir im weißen Sektor des Hafenfeuers bleiben. Aber die Grenze des Sektors führt sehr nahe an der 4-m-Linie vor der Untiefe vorbei und wir werden vielleicht noch bei Tageslicht ankommen. Dann sehen wir den Sektor nicht. Dafür haben wir in der Planung einen Wegpunkt gewählt, der um die Untiefe herum führt.

Jetzt geben wir außerdem die Koordinaten der Untiefe als Wegpunkt 7 ein. Im Hauptmenü unter »Proximity« können wir unseren Gefahrenkreis anlegen. In dem auftauchenden Untermenü fügen wir den Wegpunkt 7 ein und wählen einen Radius von 0,3 sm (Abb. 26) Dann werden wir gewarnt, falls wir unseren Kurs zu nahe an den Wegpunkt heranführen sollten (vgl. Abb. 16, S. 25).

Zurzeit laufen wir aber noch auf den Wegpunkt 3 zu. Dorthin führt der Sollkurs von 345°, und da der Wind aus WNW kommt, ist das für unseren Gaffelkutter schon hoch am Wind.

Und wenn der Wind vorlicher kommt?
Noch mal zurück zur Autobahnseite und zum XTE, der bei unserem Gerät ja »Off Course« heißt (Abb. 27). Solange wir auf unserer Kurslinie bleiben, ist der Off-Course-Wert klein. R oder L zeigen an, ob wir rechts (right) oder links (left) vom Sollkurs stehen.

An unserem Gerät können wir die Autobahnbreite nicht an einen gewünschten XTE anpassen, nur der Maßstab der Darstellung lässt sich mit den Zoom-Tasten verändern. Aber wir können unter Setup bei »Alarms« eine seitli-

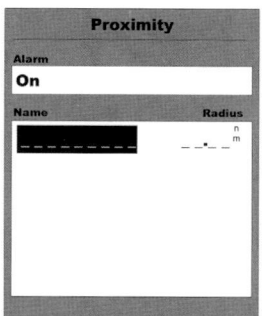

26 *Über das Hauptmenü kommt man in die Seite »Proximity«, um den Annäherungsalarm einzustellen*

che Alarmdistanz zu unserer Kurslinie einstellen, wenn wir wollen zwischen 00,00 und 99,99 sm.

Angenommen, wir könnten den Sollkurs nicht mehr anliegen, weil der Wind zu vorlich käme. Dann müssten wir kreuzen. Könnten wir dann überhaupt noch die Wegpunktnavigation praktizieren? Mit Einschränkungen ja! Wir müssten die Kreuzschläge so einrichten, dass wir eine zu große Annäherung an die ausgedehnten Untiefen südlich und östlich von Læsø vermeiden. Da die östlichen Grenzen der Untiefen ab ca. 2 sm nördlich des Wegpunktes 2 etwa parallel zu unserem Kurs verlaufen, könn-

tion	Alarms	Interface
Anchor Drag		
Off		0.0 ᶠₜ
Approach and Arrival		
Off		
Off Course		
On		1.50 ⁿₘ
Shallow Water		
Off		6.1 ᵐ
Deep Water		
Off		30.5 ᵐ

27 *Setup-Menü: XTE heißt hier »Off Course«*

ten wir einen Alarm für den Off-Course-Wert von 1,5 sm eingeben – dann wären wir Richtung Westen auf der sicheren Seite (vgl. Abb. 15, S. 24). Richtung Osten bräuchten wir das nicht, da hätten wir mehr Platz. Aber unabhängig von der Wahl der Alarmfunktion kann man in einem solchen Fall den XTE nutzen, um dicht genug an einer vorgesehenen Reiseroute zu bleiben.

Zum Glück kommt der Wind nicht vorlicher, wir laufen sogar etwas westlicher als unseren Sollkurs, sodass unser »Off Course«-Wert auf 1,2 sm Richtung Westen anwächst. Wir nähern uns der nordöstlichen Küste der Insel und die See wird bei dem ablandigen Wind merklich flacher. Um 20:00 stehen wir schon nördlicher als die Nordostecke von Syrodden peilt.

Der Wind ist flauer geworden und wir werden nicht mehr um die grüne Tonne (unseren Wegpunkt 3) herumwenden. Wir nehmen die Segel weg und laufen die restlichen fünf Meilen unter Maschine.

Den Wegpunkt 003LAES-N lassen wir also aus. Das können wir uns sicher leisten, solange wir uns von den nördlichen Untiefen Rusmandsbanke und Tællemandsbanke gut freihalten. Dazu gehen wir auf die Routenseite (Abb. 22) und streichen den Wegpunkt 003LAES-N aus der Liste. Wir können uns aussuchen, ob wir ihn nur aus der Route herausnehmen (mit Menü: Remove Waypoint) oder ihn ganz aus der Wegpunktliste streichen (mit ENTER: Delete).

Dann ist der Wegpunkt 4 an der roten Tonne nördlich von Østerby der nächste Wegpunkt. Aber erst sollten wir sehen, dass wir noch so weit nach Norden laufen, dass wir auf Westkurs von den Untiefen freikommen. Position und Kurs müssen wir eben beobachten.

Beim Wegpunkt 4, um 20:50, sind wir unserem Ziel schon recht nahe. Von der Tonne aus führt die Grenze zwischen dem weißen und dem roten Sektor zum Leuchtfeuer am Hafen. Das Feuer können wir natürlich noch nicht sehen, dafür sind die Tage im August zu lang.

Man könnte den Wegpunkt 5 als übervorsichtige Eingabe ansehen, aber in der Planung ist es wohl besser, die Route auf der sicheren Seite anzulegen. Wenn die Bedingungen günstig sind, hat man immer noch Zeit, es sich einfacher zu machen. Den Annäherungsalarm um die Untiefe (Wegpunkt 7) hören wir natürlich nicht, weil wir uns ausreichend freihalten.

Dazu eine Anmerkung:

So nützlich die Alarme sein können, sie sind es nur, wenn man sie auch hört. Probieren Sie mal aus, ob der Wegpunktalarm und der Annäherungsalarm laut genug sind und ob die akustischen Signale der verschiedenen Alarmfunktionen überhaupt unterschieden werden können. Die Töne, die man von Mobilfunk-Handys kennt, stehen wohl kaum zur Verfügung.

Nicht jedes Gerät bietet Alarmtöne, die sich gegen das Maschinengeräusch durchsetzen können, oder einen Ankeralarm, der als Wecker nutzbar wäre. Entweder haben wir unser Gerät in der entscheidenden Phase dabei oder wir sind in der Nähe unseres eingebauten GPS-Empfängers und achten auf das Piepen, wenn die Zeit dafür gekommen ist.

Der Alarm ist eben eine Zusatzfunktion – er kann das aufmerksame Verfolgen der Navigation nicht ersetzen.

Læsø erreichen wir um 21:30 noch bei Helligkeit.

Im Zusammenhang mit der Ansteuerung in dem Leitsektor eines Feuers können wir noch eine weitere Möglichkeit durchspielen. Angenommen, wir müssten bei Südwind auf

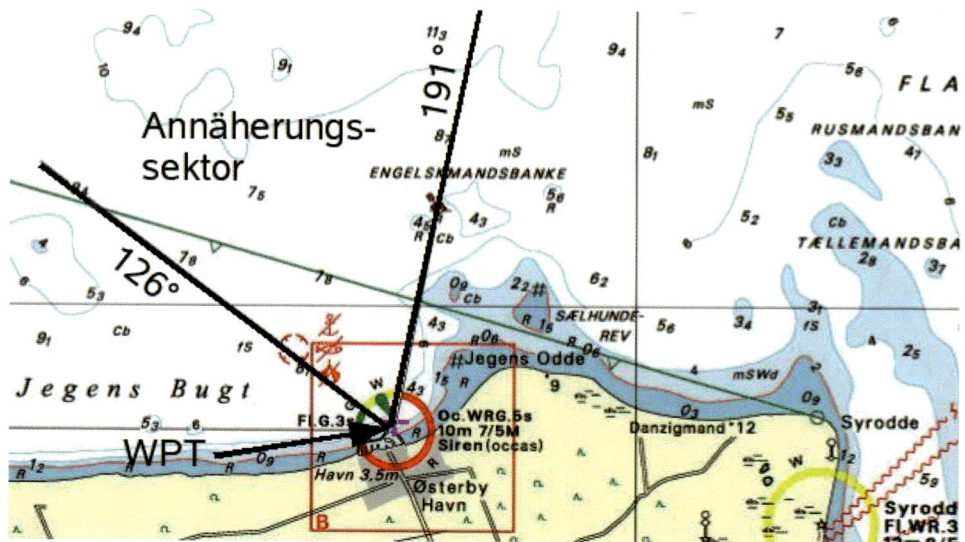

28 *Die beiden Sektorengrenzen des Annäherungssektors sind die Grenzpeilungen (als »Bearing to Waypoint«) für die Kreuzschläge beim Ansteuern*

Østerby zu kreuzen (am Tage). Wie können wir dann unser GPS benutzen? Hier bietet sich das Ansteuern eines Wegpunktes in einem sicheren Sektor an. Wir tragen das Feuer auf der Hafenmole als Wegpunkt in unser GPS-Gerät ein und aktivieren diesen Wegpunkt als nächstes Ziel. Wir können zwar nicht direkt darauf zuhalten, aber wir können den weißen Sektor als sicheren Sektor unserer Annäherung beim Kreuzen nehmen. Dann achten wir auf die Peilung zum Wegpunkt (*Bearing to Waypoint*) und nehmen die Sektorengrenzen als Grenzpeilungen.

Falls uns die Untiefe noch Sorgen macht, könnten wir ja statt 191° eine Peilung von 185° wählen, dann wären wir auf der sicheren Seite (Abb. 28).

29 *In Østerby auf Læsø am Morgen nach dem Beispieltripp*

Vom Maalaea Harbor zum Molokini Island, durch den Alalakeiki Channel Richtung Hana und zurück

Sailing in paradise

Ahnen Sie, wo das ist? Wenn Sie jetzt vor Ihrem inneren Auge Hula-Hula-Mädchen in Binsenröcken tanzen sehen und die dazu passenden Hawaii-Gitarren schluchzen hören, dann haben Sie richtig geraten. Natürlich hat dieses von der Touristikbranche gepflegte Klischee mit der Realität nicht das Mindeste zu tun. Das merkt man spätestens dann, wenn das Flugzeug nach immerhin 17 Stunden von Deutschland aus auf einer der Hawaii-Inseln landet. Das Problem ist eben, dass die meisten Touristen die eigens für sie von den großen Hotels in Honolulu arrangierten »Folklore-Veranstaltungen« für das alte ursprüngliche Hawaii halten. Das aber ist längst entschwunden, vielleicht bis auf einige mehr durch Zufall vom Touristikboom vergessene Nischen mit ein paar traurigen Restbeständen.

Heute ist Hawaii ein Bundesstaat der USA mit entsprechendem westlichem Standard und westlichem Lebenszuschnitt. Trotzdem: Hawaii ist ein Traum – das ist wirklich nicht übertrieben –, vor allem auch für uns Segler.

Ich muss zugeben, dass das mit den Hula-Hula-Mädchen und den Gitarren auch so ziemlich das Einzige war, was ich vorher von Hawaii wusste. Ich hatte mich relativ kurzfristig für die Reise entschieden und mir nur noch einige

amerikanische Seekarten und auch die entsprechenden elektronischen Versionen für mein Notebook besorgt. Wird schon klargehen, dachte ich mir, chartern kann man da sicherlich auch, und dann werden wir ja sehen. Die Wirklichkeit holte mich aber ziemlich schnell ein. Schlechte Vorbereitung rächte sich auch hier wieder einmal. Die amerikanischen Segler, die ich beispielsweise in den Häfen auf Maui traf, waren ausnahmslos sehr freundlich und hilfsbereit. Das Problem war nur, dass sie entweder größere Töms planten, oder es passte zeitlich sonst irgendwie nicht, vor allem, da ich nur zwei Wochen bleiben konnte und mich natürlich auch an Land noch etwas umsehen

30 *64-Fuß-Schoner in der Maalaea Bay, vor der Insel Maui*

wollte. Was war zu tun? Also habe ich mir erst einmal den Hotel-Katamaran fertiggemacht und bin damit etwas rausgesegelt.

Das war natürlich schon eine einsame Sache. Weiter raustrauen wollte ich mich aber doch lieber nicht, denn ab Mittag fing es meist ganz schön an zu wehen – und eigentlich wollte ich ja »richtig« segeln.

Schließlich fand sich doch noch eine Möglichkeit. Auf Maui lag im Maalaea Harbor ein 64-Fuß-Schoner, ein richtig schickes Schiff (auf Abb. 30 leider nur unter Maschine zu sehen). Übrigens: Merken kann man sich die komplizierten hawaiischen Namen nur mit Mühe. Noch verwickelter wird es dadurch, dass die aufeinander folgenden Vokale alle getrennt ausgesprochen werden müssen: Das tolle Schiff lag demnach auf Ma-u-i im Ma-a-la-e-a Harbor.

Normalerweise schippert es mit Touristen durch die Gegend. Ich hatte aber das Glück, dass gerade ein kleinerer Törn mit einer etwas »wasserkundigeren« Gruppe geplant war, der ich mich anschließen konnte.

Snorkeling and sailing

Das Frühstück fiel erst einmal aus. Es war noch ziemlich dunkel, als ich mit meinem dicken amerikanischen Leihauto (natürlich mit Automatik, was zu Anfang gar nicht so einfach war) am Anlegeplatz eintraf. Ordentlich bibbernd – es war unangenehm kalt –, wurde gemeinsam mit der Stammbesatzung das Schiff klargemacht und dann ging es los. Inzwischen war die Sonne mit einer fantastischen Farbenpracht aufgegangen. Unser erstes Ziel war Molokini Island. Auf dem Kartenausschnitt in Abb. 31 (S. 36) erscheint die Insel wie ein liegender Halbmond. Das Eiland ist der über die Wasseroberfläche ragende Teil eines erloschenen Vulkans. Auf den Abb. 32 und 33 können Sie ihn näher in Augenschein nehmen.

Segeln war zunächst nicht möglich. Die Westküste von Maui ist die Leeküste für den NE-Passat, was sich auch in der sehr unterschiedlichen Vegetation auf der Insel äußert. Zwar weht der Passat in den Sommermonaten mit großer Beständigkeit, das gilt aber nur für »draußen«. In der Nähe der Inseln sind die Windverhältnisse wesentlich komplizierter. Das ist Ihnen aber sicher auch von den griechischen und türkischen Inseln im Mittelmeer bekannt. Auf den Hawaii-Inseln treten bedingt durch die teilweise sehr hohen Berge und die tief eingeschnittenen Täler ganz spezielle Effekte auf.

Nachdem die nicht ungefährliche Hafenausfahrt passiert ist (die Tiefenangaben in unserem Kartenausschnitt bedeuten Faden), wird das beliebte Touristenziel Molokini recht voraus gehalten. Der zugehörige Kartenkurs ist 174°. Der gesetzte Wegpunkt (MOLO-I) liegt eben vor der Krateröffnung. Auch hier könnte man wieder nach Sicht fahren, die Wegpunktnavigation dient nur der Kontrolle.

Für uns gibt es hier zunächst keine neuen GPS-Erkenntnisse. Wie wir schon wissen, werden ständig die aktuelle Position, Kurs und Fahrt über Grund, Peilung und Abstand von MOLO-I, das ETA MOLO-I und das XTE angezeigt. Erwähnenswert ist aber, dass wir hier das Kartendatum WGS 84 eingestellt haben, da die amerikanische Karte dieses Seegebietes auf dem WGS 84 beruht.

Wegen der relativ niedrigen Breite, Molokini liegt auf etwa 20° 38'N, gewann die Sonne schnell an Höhe und es wurde entsprechend warm. Also Zeit für die Einsalberei. Unsere amerikanischen Freunde hatten uns vorher gewarnt: *In any case, use oil with a high protection factor* – was wir denn auch wohlweislich

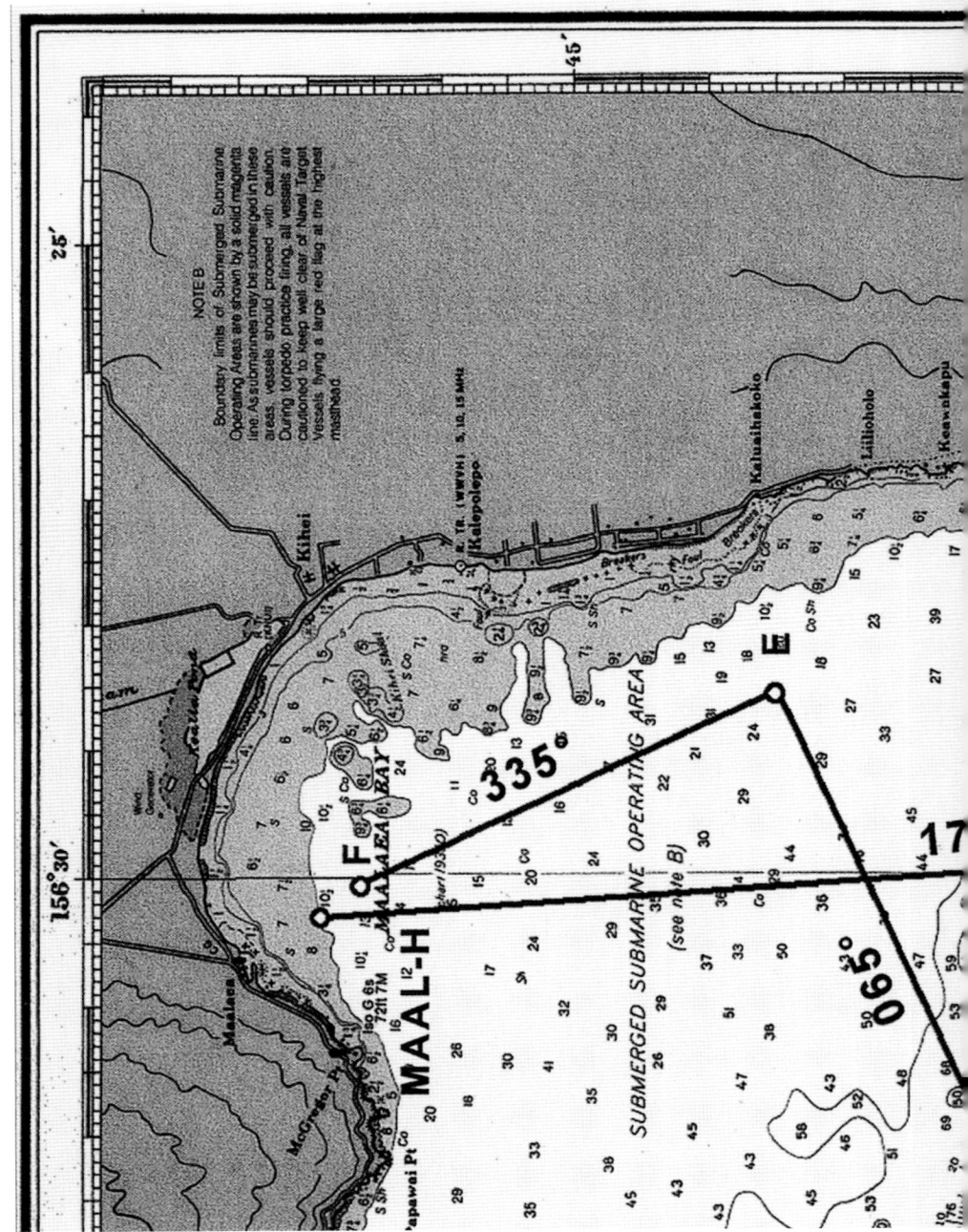

31 *Ausschnitt (verändert) aus der US-Karte 19347 (mit freundlicher Genehmigung des U.S. Departments of Commerce, National Oceanic and Atmospheric Administration). Für die Navigation nicht zu verwenden*

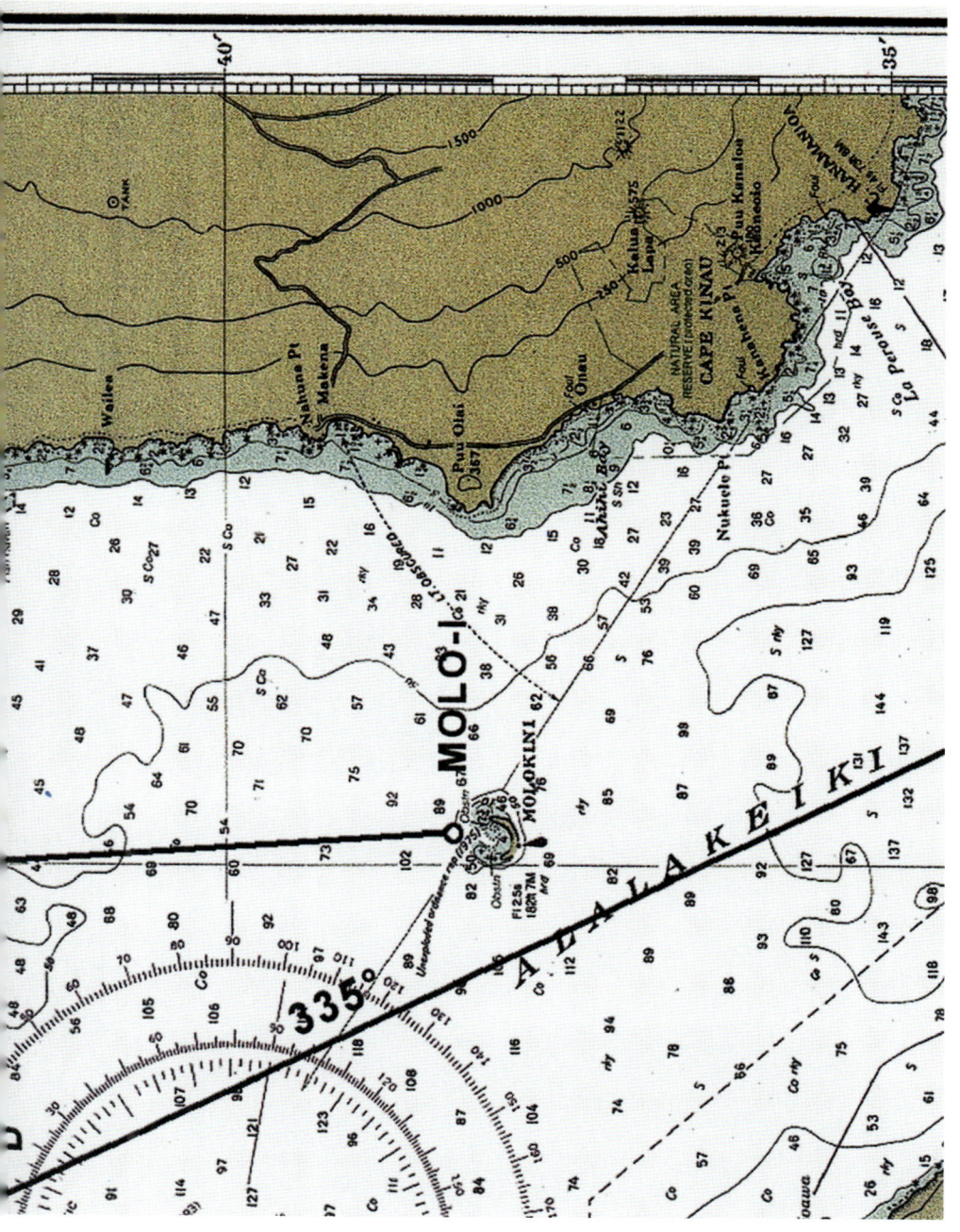

37

32 *Molokini Island recht voraus. Der Kurs ist auf den ersten Wegpunkt abgesetzt*

33 *Auf dieser Abbildung ist der Kraterrand von Molokini Island gut zu erkennen*

befolgt haben. Die etwa neun Meilen hatten wir mit Maschine so rechtzeitig abgelaufen, dass wir als erstes Schiff im Krater eintrafen und an einer speziellen Unterwasservorrichtung festmachen konnten. Da der Kratertrichter mit Korallen bewachsen ist, hält ein Anker schlecht.

Durch den Alalakeiki Channel Richtung Hana

Den Alalakeiki Channel können Sie auf dem Kartenausschnitt (Abb. 31 auf S. 36/37) gerade noch erkennen. Er trennt die kleinere Insel Kahoolawe, von der Sie in unserem Ausschnitt unten links ebenfalls noch ein Stück sehen

34 *Unter Segel in der Inselwelt von Hawaii*

35 *Zurück zur Maalaea Bay. Das Schiff läuft auf die Küste von Maui zu*

können, von Maui. Nach der Durchsteuerung des Kanals gelangt man auf östlichen bis nordöstlichen Kursen in den zwischen Maui und Big Island (Hawaii) liegenden Alenuihaha Channel. Jetzt hat man auf NE-Kurs den vollen Passat praktisch gegenan, und der kann hier am Tage ganz beachtlich wehen. Meilen macht man da nur sehr wenige. Also wieder Maschine.

Unter Segel zurück nach Maalakaea

Jetzt geht es nicht nur wieder zurück zum Ausgangshafen, sondern auch wieder zurück zu GPS. Auf dem Kartenausschnitt (S. 36/37) ist ein Teil der Route nach Maalakaea zu erkennen. Eingetragen sind die Wegpunkte D, E und F. Da jetzt gesegelt wird, treten für die Wegpunktnavigation ganz andere Verhältnisse auf als unter Maschine. Selbstverständlich kann man beispielsweise für den Routenabschnitt C (nicht mehr im Kartenausschnitt) bis D die zugehörigen Wegpunkte C und D in den Navigator eintippen. Vorher überlegt man sich auch noch, welchen Kurs das Schiff anliegen kann.

Ob der Wind sich jedoch an unsere Festlegungen hält, ist doch sehr zweifelhaft. Mit Sicherheit müssen wir auf dem vorgeplanten Kurs 335° etwas anluven oder abfallen (wir rechnen mit etwa NNE). Außerdem gelangen wir wieder in Lee, wenn auch nicht so ausgeprägt, wegen des größeren Abstandes von Land. Richtig Wind haben wir dann wieder auf den Kursen 065° und 335°, zwischen D und E und E und F. Das liegt daran, dass sich etwa nordöstlich der Maalaea Bay bis zur Kahului Bay (nicht mehr auf unserem Ausschnitt) ein flacher schmaler Landstreifen erstreckt, über den der Passat mit einem typischen Düseneffekt ungehindert wehen kann.

Was bedeutet das konkret für die Wegpunkt-navigation? Es heißt, dass wir beim Segeln Wegpunkte nur noch als ungefähren Anhalt verwenden können. Mit ihrer Hilfe sind Versetzungen weiter leicht erkennbar, nur auf die Zahlenwerte dürfen wir jetzt nicht mehr so genau sehen. Bei den in unserem Beispiel doch relativ konstanten Windverhältnissen ist Wegpunktnavigation in der gezeigten Form noch möglich. Sie sehen aber schon, dass es mit einer Planung nicht mehr so ganz klappt. Fängt der Wind, was ja auf unseren heimischen Seerevieren nichts Ungewöhnliches ist, noch an zu drehen oder gar umzuspringen, bricht alles zusammen. Damit aber sind wir schon beim nächsten Punkt, der abschließenden Bewertung der Wegpunktnavigation.

Bewertung der Wegpunktnavigation

Ich meine, eines haben unsere Betrachtungen gezeigt: Grundsätzlich stellt die Wegpunktnavigation eine Bereicherung der Navigationsmöglichkeiten dar. Sie kann die Schiffsführung erleichtern und die Sicherheit erhöhen. Allerdings nur, wenn sie richtig eingesetzt wird und wenn man sich nicht vollständig darauf verlässt. Aus unserem Ostsee-Beispiel ist ferner sofort zu erkennen, dass Wegpunktnavigation gut auf Motoryachten und natürlich vor allem in der Großschifffahrt eingesetzt werden kann. Beim Segeln schneidet sie dagegen weniger gut ab. Das Absegeln von vorgeplanten Routen wird hier eher die Ausnahme bleiben. Dabei muss es durchaus nicht so sein, dass wir gerade aus der Richtung, in die wir segeln wollten, zu unserer größten Freude den Wind voll gegenan haben. Auch weniger spektakuläre Launen der Troposphäre lassen sich nicht einkalkulieren.

Meist wird man sich daher mit dem Setzen jeweils eines Wegpunktes begnügen. Nach dem mehr oder weniger gelungenen Erreichen dieses Punktes setzt man wieder einen Punkt und so fort. Dabei richtet man sich stets nach den aktuellen Windverhältnissen.

Es gibt noch einen weiteren Aspekt, den wir beachten sollten. Vor allem angeregt durch diverse Wegpunktlisten, werden von vielen Yachten ein und dieselben Punkte angelaufen. Folge ist, dass in der Hauptsaison in der südlichen Ostsee an bestimmten Positionen ein gefährliches Gedränge herrscht. Ähnliches ist übrigens auch in der Berufsschifffahrt zu beobachten.

Anstatt die Kurse so abzusetzen, wie sich das aus den Eigenschaften meines Schiffes, eventuellen gesetzlichen Einschränkungen (Verkehrstrennungsgebiete zum Beispiel) und den geografischen Gegebenheiten ergibt (Wassertiefen, Strom, Fischer ...), werden irgendwelche beliebten Wegpunkte benutzt.

Wir hatten uns bereits die Frage gestellt, ob Wegpunktnavigation wirklich die zentrale Möglichkeit der GPS-Navigation darstelle. Ich persönlich meine, sie wird überbewertet. Die Hersteller von GPS-Navigatoren lieben sie vor allem deshalb, weil sie mit den Möglichkeiten der heutigen Computertechnik sehr gut realisierbar ist.

Nach diesen ein wenig pessimistischen Aussagen aber noch etwas Positives. Uneingeschränkt von Vorteil ist die Wegpunktnavigation für die Reiseplanung, können wir doch mit ihrer Hilfe sehr schnell und sehr einfach unseren Wunschtörn in allen möglichen Varianten durchspielen und aussichtsreiche Varianten festhalten.

GPS für den Profi oder für den, der es werden möchte

GPS-Navigatoren und der Rest der Welt

Bisher haben wir den GPS-Navigator nur als so genanntes Stand-alone-System betrachtet. Mittlerweile werden aber Anlagen angeboten, bei denen GPS nur noch ein Teilsystem eines umfangreicheren und komplexeren Navigationssystems darstellt.

Wenn der GPS-Navigator mit einem Autopiloten oder einem elektronischen Kartenplotter zusammenarbeiten soll, dann muss er seine Informationen an diese Geräte liefern können. Andererseits muss er auch in der Lage sein, Daten von angeschlossenen Systemen zu empfangen. Dieser Datenaustausch läuft über eine *Schnittstelle*. Alle neueren GPS-Navigatoren besitzen daher eine oder sogar mehrere Schnittstellen.

Wir können uns das auch noch einmal mit einem Blick auf die PC-Verhältnisse klarmachen. Wir hatten schon davon gesprochen, dass GPS-Geräte eigentlich Computer sind. So ist es nicht weiter verwunderlich, dass man, wie beim PC, auch den »GPS-Computer« mit anderen Geräten verbinden kann. Das ist genauso, als wenn wir an den PC eine Maus, einen Drucker oder einen anderen PC anschließen.

Geheimnisse der NMEA-Schnittstelle

Damit das beim PC in der gewünschten Weise funktioniert, hat er standardisierte Schnittstellen, für den Drucker zum Beispiel eine parallele Schnittstelle. Wegen der von der Industrie nicht ungern gesehenen ständigen Veränderungen herrscht beim PC auf diesem Gebiet (wie in allen anderen PC-Bereichen) ein beinahe perfektes Chaos.

Ganz so schlimm sind die Verhältnisse bei GPS noch nicht. Hier hat sich weitgehend die NMEA-Schnittstelle durchgesetzt. Mit dieser Schnittstelle wollen wir uns nun etwas eingehender beschäftigen.

Wozu brauche ich das?

Eine berechtigte Frage. Zunächst einmal helfen uns solche Erkenntnisse, die meist im Anhang der GPS-Bedienungsanleitung befindlichen Aussagen über irgendwelche »unterstützten Schnittstellenformate, Standard-Datensätze und eigene Datensätze« zu durchschauen und zu verstehen. Vielleicht haben Sie auch schon einmal Ärger beim Anschluss von Geräten eines anderen Herstellers an Ihr GPS-System gehabt. Solche Probleme sind bei entsprechendem Know-how vermeidbar.

Sollten Sie gar ein richtiger Computer-Freak sein, dann können Sie sich für Ihre GPS-Anlage eigene Software schreiben oder solche aus dem Shareware-Markt einsetzen.

Trotzdem muss ich hier eine Warnung aussprechen: Wenn Sie keine Ambitionen in dieser Richtung haben und sich immer wieder fragen, wie es ein Brief eigentlich schafft, vom PC-Bildschirm durch das Kabel auf das Papier im Drucker zu gelangen, dann sollten Sie dieses Kapitel lieber überfliegen. Hoffentlich sind Sie jetzt nicht beleidigt – ernst ist das natürlich nicht gemeint. Auf jeden Fall wäre es aber jetzt nützlich, wenn Sie über etwas detailliertere PC-Kenntnisse verfügten.

Aufnehmen und Abspeichern von GPS-Datensätzen

Bevor wir uns das, was über die Schnittstelle ausgegeben wird, konkreter anschauen, müssen wir uns eine solche Ausgabe erst einmal beschaffen. Das ist nun relativ einfach möglich. Wir brauchen selbstverständlich einen GPS-Navigator mit NMEA-Schnittstelle und zusätzlich das über die Lieferfirma zu beziehende Datenübertragungskabel. Dieses Kabel ermöglicht die direkte Verbindung zwischen Navigator und Rechner. An dem einen Ende hat es den für das GPS-Gerät passenden Stecker, am anderen befindet sich ein Stecker für die serielle PC-Schnittstelle.

Jetzt brauchen wir noch ein Software-Werkzeug, um die Daten in den PC zu transportieren. Wir nehmen hier an, dass der Rechner unter WINDOWS läuft. Selbstverständlich gibt es auch geeignete Software für andere Betriebssysteme. Allen aktuellen WINDOWS-Versionen (95, 98, ME, NT 4.0, XP und 2000/2003) liegt das Programm *Hyperterminal* bei. Sie müssen es für den Empfang entsprechend konfigurie-

ren. Das heißt, den korrekten COM-Port (serielle Schnittstelle, moderne Rechner besitzen in der Regel zwei) auswählen und die Übertragungsgeschwindigkeit (4800 Baud) Ihres GPS-Navigators einstellen. Außerdem müssen Sie noch festlegen, dass die Daten in einer Datei gespeichert werden sollen.

Dann starten Sie das GPS-Gerät und wählen bei den Schnittstellen-Einstellungen die Option *Senden* und *NMEA 0183*. Nun sehen Sie (hoffentlich!) auf dem Monitor wilde Zeichenkolonnen erscheinen.

Doch es taucht noch ein weiteres Problem auf. Unsere mühsam gewonnenen Daten sind nicht sonderlich inhaltsreich, wenn der Navigator auf dem Schreibtisch liegt. Also benutzt man für solche Experimente am besten ein Notebook, so man hat!

Die Daten werden enträtselt

Bevor wir uns die auf diese Weise erhaltenen Datensätze näher anschauen, noch einige Hinweise zur NMEA-Schnittstelle selbst. NMEA steht für *National Marine Electronics Association*. Welche Version Ihr Gerät verwendet, können sie wahrscheinlich der Betriebsanleitung entnehmen. Die letzte Aktualisierung (Version 3.01) datiert vom Januar 2002 (es gibt auch schon eine Version NMEA 2000 und Geräte, die damit umgehen können).

Bezugsmöglichkeiten für die vollständige Dokumentation des NMEA-Standards sind am einfachsten über das Internet in Erfahrung zu bringen.

In Tabelle 2 (S.44) sehen wir einen Auszug aus einer Liste mit abgespeicherten Datensätzen. Vorteilhaft ist, dass direkt lesbare ASCII-Zeichen verwendet werden. Jede Zeile in unserer Liste enthält einen einzelnen *Datensatz (sentence)*, wobei einige Sätze sich in der nächsten

```
$GPGGA,110003,5444.103,N,01004.706,E,1,08,1.0,1.7,M,46.0,M,,*4B
$GPGSA,A,3,03,17,19,21,22,23,28,31,,,,,1.8,1.0,1.5*39
$GPGSV,2,1,08,03,78,271,42,17,32,065,45,19,12,305,41,21,46,152,43*71
$GPGSV,2,2,08,22,33,192,45,23,50,083,45,28,50,119,43,31,33,292,48 *72
$GPGLL,5444.103,N,01004.706,E,110003,A*2E
$GPBOD,190.1,T,190.0,M,SCHLEI,TONNE4*34
$GPRTE,1,1,c,0,GELT-1,KALG-W,KALG-E,TONNE5,TONNE4,SCHLEI*0A
$GPWPL, 5446.440,N,00952.270,E,GELT-1*45
$GPRMC,110004,A,5444.103,N,01004.706,E,009.8,188.5,140796,000.1,E
*7C
$GPRMB,A,0.01,R,TONNE4,SCHLEI,5440.120,N,01003.400,E,004.1,190.7,
009.8,V*50
```

Tabelle 2

Zeile fortsetzen. Dabei ist ein einzelner Satz folgendermaßen aufgebaut:

$aaccc,c c*hh<CR><LF>

Es bedeuten:

$	Start des Satzes (string, mit $-Zeichen)
a a c c c	Adressfeld
,	Begrenzungszeichen für Datenfeld
c---c	Datenblock
*	Begrenzungszeichen für Prüfsumme
h h	Prüfsummenfeld
<CR><LF>	Zeichen für Zeilenende

Am besten entnehmen wir der Tabelle 2 jetzt einen Beispielsatz und versuchen, ihn zu analysieren:

$GPRMC,110004,A,5444.103,N,01004.706, E,009.8,188.5,140796,000.1,E *7C

Das Adressfeld beginnt mit den Zeichen **GP**. Diese stehen für GPS. **RMC** weist darauf hin, dass die empfohlenen minimalen spezifischen GPS-Daten folgen *(Recommended Minimum Specific GPS Data)*.

Keine Probleme haben wir bei der Entschlüsselung von **110004** und **5444.103, N, 01004.706.E.** Hier wird die UTC 11.00.04 ausgegeben, die in unserem Fall zwei Stunden vor MESZ liegt. Danach folgen Breite 54° 44,103' N und Länge 010° 04,706' E. Das eingeschobene **A** signalisiert die Gültigkeit der Daten. **009.8, 188.5, 140796, 000.1, E** bedeuten: Fahrt über Grund 9,8 kn, Kurs über Grund 188,5°, das Datum 14. 07. 96 und die Missweisung 0,1° E. Gar nicht so schlimm, oder?

Bleibt mit *7C noch der letzte Teil. Um möglichst große Übertragungssicherheit zu garantieren, wird aus den übertragenen Zeichen eine Prüfsumme gebildet und diese mit der übermittelten Prüfsumme verglichen. Stimmen beide nicht überein, liegt ein Fehler vor, und die Übertragung wird wiederholt*.

In unserem kleinen Buch können wir natürlich nicht die gesamte NMEA-Dokumentation abdrucken. Vielleicht schauen wir uns aber doch noch einen leicht zu verstehenden Satz an:

---

* Für Spezialisten: Die ASCII-Codes der übertragenen Zeichen (bis auf $ und') werden durch XOR (exklusives oder) miteinander verbunden. Das Ergebnis wird in hexadezimaler Form angegeben.

$GPGSV,2,1,08,03,78,271,42,17,32,065,45,
19,12,305,41,21,46,152,43*71

Hier werden Angaben zu den sichtbaren GPS-Satelliten gemacht, **GSV** heißt *GPS Satellites in View.* **2, 1, 08** bedeuten nacheinander: Es werden 2 Datensätze gesendet, der vorliegende Satz ist der erste der beiden Sätze, und es sind 8 Satelliten sichtbar. Es folgen jetzt in Vierergruppen Angaben zu den einzelnen Satelliten: **03, 78, 271, 42**: Satellitennummer 3, Höhe 78°, Azimut 271°, Angabe zur Signalstärke*. Weiter geht es mit den Satelliten Nr. 17, 19 und 21. Am Ende erscheint wieder die Prüfsumme.

Zum Abschluss gebe ich Ihnen noch die Bedeutung aller Satzkennzeichner (*Sentence Formatters*) für die 10 Beispielsätze aus Tabelle 2 an:

GGA GPS Fix Data (GPS-Positionsdaten)

GSA GPS DOP and Active Satellites (Betriebsart des GPS-Empfängers, aktive Satelliten und DOP-Werte)

GSV GPS Satellites in View (sichtbare GPS-Satelliten)

GSV GPS Satellites in View (sichtbare GPS-Satelliten)

GLL Geographic Position, Latitude/Longitude (Position Breite/Länge)

BOD Bearing, Origin to Destination (Peilungen vom letzten zum aktiven Wegpunkt des aktuellen Routenabschnittes)

RTE Routes (Routen- und Wegpunktbezeichner)

WPL Waypoint Location (Breite/Länge eines bestimmten Wegpunktes)

RMC Recommended Minimum Specific GPS Data (empfohlenes Minimum an zu übertragenden spezifischen GPS-Daten)

RMB Recommended Minimum Navigation Information (empfohlenes Minimum an zu übertragenden Navigations-Informationen)

Die Beispielsätze wurden mit einem Garmin GPS38 aufgenommen (Interface-Seite siehe Abb. 36). Sie geben eine vollständige Beschreibung der aktuellen navigatorischen Situation (sie stammt von einem Ostseetörn) um rund 13:00 MESZ für eine bestimmte Position nach Passieren eines Wegpunktes TONNE4. Einen Teil dieser Standardsätze werden Sie

```
     INTERFACE
NONE/NMEA
NMEA 0183 2.0
4800 baud
```

36 *Interface-Seite des GPS38. Das Gerät ist so eingestellt, dass über die Schnittstelle keine Daten empfangen, sondern nur gesendet werden (NONE / NMEA). Der Navigator sendet mit einer Datenrate von 4800 bit/s im Format NMEA 0183 Version 2.0*

---

*Nochmals für Spezialisten: Von 0 bis 99 dB, hier also 42 dB.

auch bei Ihrem GPS-Empfänger finden. Die Auswahl aus den vielen verfügbaren Datensätzen ist aber von Hersteller zu Hersteller verschieden. Je leistungsfähiger eine Anlage ist, desto mehr Sätze werden in der Regel auch übertragen.

Bei aufwändigeren und damit teureren Systemen wird aber meist ein etwas ausführlicheres Handbuch mitgeliefert. Viele Hersteller dokumentieren die verwendeten Datensätze darin, sodass Sie sich auch so zurechtfinden können.

Nach den NMEA-Richtlinien ist es ebenfalls möglich, dass die Standardsätze durch herstellerspezifische Sätze ergänzt werden. Dazu hat die NMEA jedem Hersteller einen aus drei Zeichen bestehenden mnemonischen (leicht zu merkenden) Code zugeteilt. Beispielsweise ist das *GRM* bei Garmin und *TNL* bei Trimble. Die Garmin-Sätze (geschätzter Positionsfehler, Kartendatum, Höhe und Kontrolle des DGPS-Bakenempfängers) wurden nicht in Tabelle 2 aufgenommen.

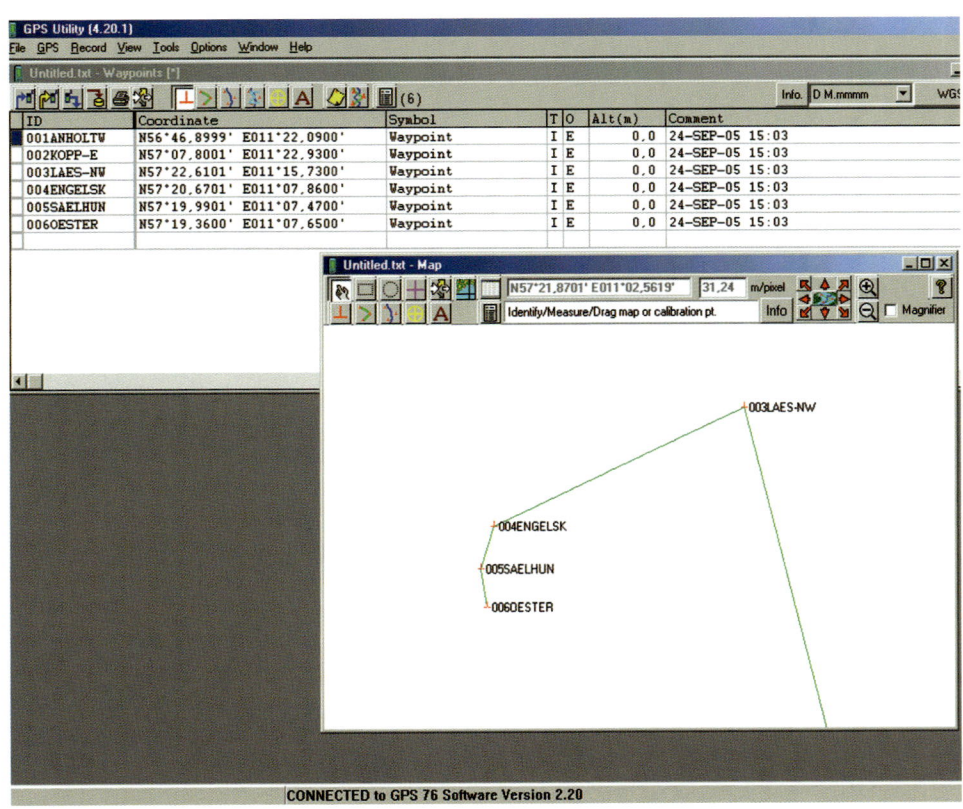

37 *Die Wegpunkte und Route nachträglich in die Freeware-Version des Programms »GPS Utility« übertragen. Ein einfaches Plott der Wegpunkte ist mit angezeigt*

Was lässt sich mit den Daten anfangen?

Lassen Sie uns erst einmal überlegen, was wir im Prinzip mit den Daten anfangen könnten. Wir hatten gerade festgestellt, dass durch die übertragenen Datensätze eine bestimmte navigatorische Situation vollständig gekennzeichnet ist. Wenn Sie also ein wenig programmieren können, dann haben Sie fast unbegrenzte Möglichkeiten. Sie könnten ein kleines Programm schreiben, mit dem Sie die an der seriellen Schnittstelle (COM-Port) angelieferten Daten lesen. Durch String-Befehle (in BASIC besonders einfach) könnten Sie dann, sagen wir, Breite und Länge aus den Datensätzen herausschneiden und weiter verarbeiten. Beispielsweise wäre es so möglich, die gefahrene Bahn des Bootes zu plotten. Wenn dann noch zusätzlich eine Karte unterlegt wird, ist das bereits ein elektronischer Kartenplotter, womit wir eigentlich schon beim nächsten Kapitel wären.

Was wir da eben skizziert haben, ist im Prinzip sehr einfach, erfordert aber doch sehr viel Aufwand und Arbeit. Da wir in der knappen Urlaubszeit aber schon mit dem geplanten Segeltörn Zeitprobleme bekommen, ist das wohl doch eher etwas für Spezialisten und Computerfreaks. Die gibt es aber auch unter Seglern, und die können vielleicht von diesen Ausführungen etwas profitieren.

Wenn Sie nicht gleich aufwändigere käufliche Software einsetzen wollen, andererseits aber auch nicht genügend Zeit und Lust haben, sich in diese Materie einzuarbeiten, dann gibt es noch einen Mittelweg. Im Internet werden Shareware-Programme angeboten, mit denen GPS-Daten gelesen und auch weiterverarbeitet werden können (Abb. 37). Diese Programme, erhältlich für eine geringe Registrierungsgebühr, sind teilweise genauso leistungsfähig wie die um ein Vielfaches teureren kommerziellen Produkte. Unter *www.maps-gps-info.com/fgpfw.html* finden Sie Links zu etlichen Freeware-Programmen. Eine Internetadresse mit vielen Informationen zu GPS: *http://www.kowoma.de/gps/index.htm/*
Wer mit Linux arbeitet, sollte sich das Programm von Fritz Ganter ansehen:
//gpsdrive.kraftvoll.at/
Allerdings scheint es unter dessen Anwendern noch nicht viele Seefahrer zu geben.

Elektronische Kartenplotter und GPS
Was wird angeboten?

Wie im letzten Abschnitt besprochen, ist heute vermehrt ein Trend hin zur Kombination von GPS-Empfängern mit weiterer Hard- und Software zu beobachten. Da uns in diesem Buch primär der Bereich Navigation interessiert, werden wir uns daher auch die Vertreter des »navigatorischen main streams« näher ansehen, und das sind zweifellos die elektronischen Kartenplotter.

Im einfachsten Fall wird der GPS-Navigator dabei lediglich durch ein kleines Softwarepaket ergänzt, das dem Navigator bescheidene Plotfähigkeiten verschafft.

Die Map- oder Kartenseite auf einem GPS-Gerät ist so etwas wie ein einfacher Kartenplotter. Viele neue GPS-Handys haben ein Farbdisplay mit höherer Auflösung als das des GPS76, und schließlich gibt es Seekartenprogramme, deren Kartendarstellung der einer Seekarte ähnlich ist.

Sozusagen am anderen Ende der Skala stehen sehr leistungsfähige Kombinationen von Hard- und Software, die teilweise nur etwas »abgemagerte« Versionen professioneller Ausführungen darstellen. Für solche Anlagen trifft die Bezeichnung elektronischer Kartenplotter eigentlich gar nicht mehr zu. Abb. 40 und 41 auf Seite 51 sind am Tage nach unserem ersten Beispiel-Törn aufgenommen, auf dem Weg von Østerby nach Skagen, und geben einen Eindruck von der unterschiedlichen Art der Darstellung und Menge an Informationen, die verschiedene Anlagen liefern.

Generell kann man sagen, dass sich die Möglichkeiten zwischen einer relativ groben einfarbigen Darstellung der gefahrenen Kurse und der aktuellen GPS-Position auf dem LCD-Display eines Handgerätes und einer hoch aufgelösten farbigen Repräsentation auf einem 19" Monitor bewegen.

Da dieses Buch sich mit dem praktischen Einsatz von GPS beschäftigt, wollen wir uns mit diesem kurzen Blick auf das Angebot begnügen und jetzt den Praxiseinsatz eines Beispielsystems betrachten.

Navigationssoftware

Wir greifen noch einmal das Beispiel Anholt – Østerby auf. Für die Planung zu Hause benutzte ich das Programm *Yacht Navigator Premium 2.0*. Nach Installation und Einlesen des elektronischen Kartensatzes bin ich mit dem Mauszeiger nach Anholt gewandert. Die Kartendarstellung entspricht genau der des Sportbootkartensatzes in Papier. Es stehen damit auch die gleichen Kartenmaßstäbe zur Verfügung. Ich habe zwar in meinem Büro keinen GPS-Empfang, aber Routen und Wegpunkte lassen sich im Planungsmodus ohne weiteres anlegen.

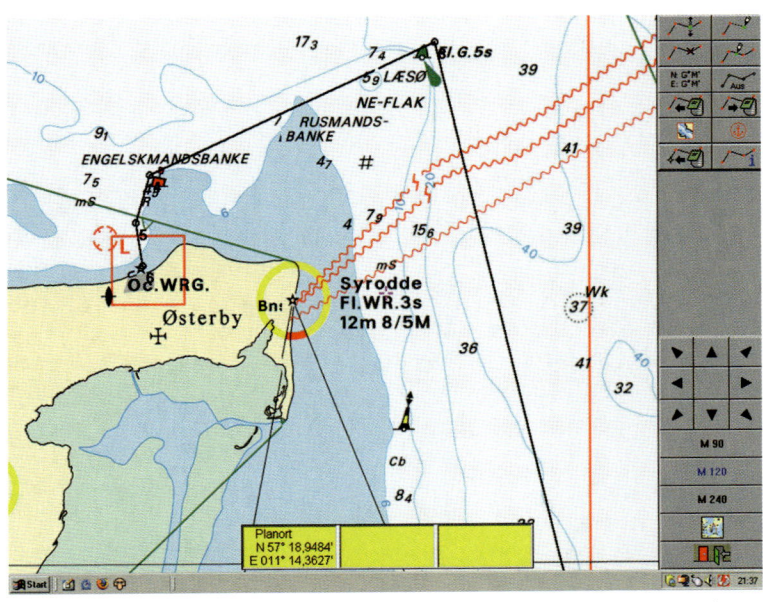

38 *Routenplanung am Beispiel des Programms Yacht Navigator Premium 2.0*

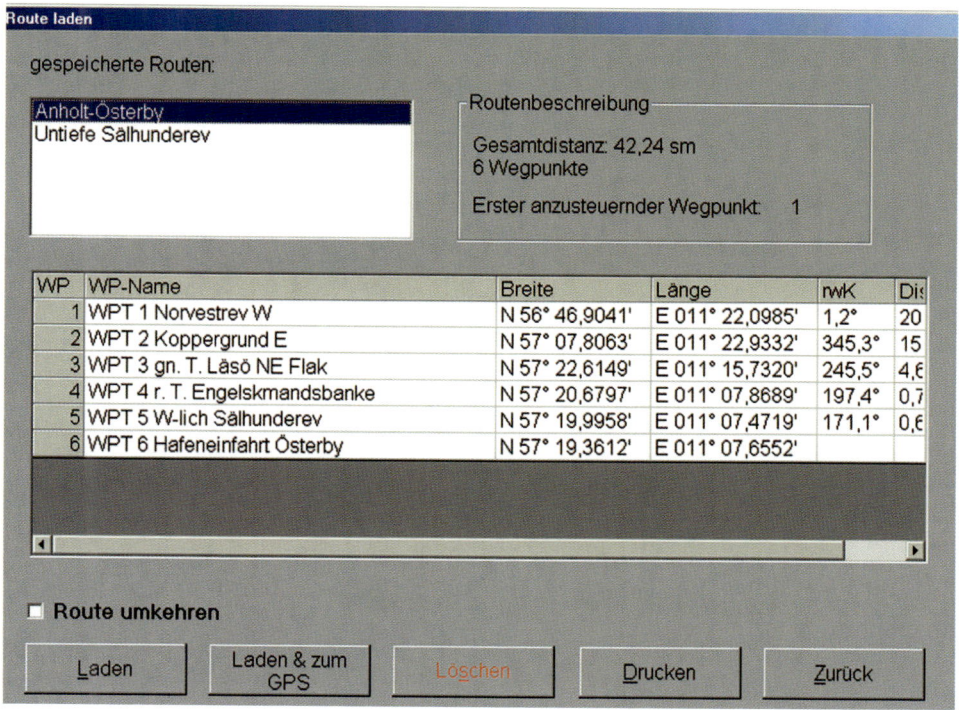

Route laden

gespeicherte Routen:

Anholt-Österby
Untiefe Sälhunderev

Routenbeschreibung

Gesamtdistanz: 42,24 sm
6 Wegpunkte

Erster anzusteuernder Wegpunkt: 1

WP	WP-Name	Breite	Länge	rwK	Dis
1	WPT 1 Norvestrev W	N 56° 46,9041'	E 011° 22,0985'	1,2°	20
2	WPT 2 Koppergrund E	N 57° 07,8063'	E 011° 22,9332'	345,3°	15
3	WPT 3 gn. T. Läsö NE Flak	N 57° 22,6149'	E 011° 15,7320'	245,5°	4,6
4	WPT 4 r. T. Engelskmandsbanke	N 57° 20,6797'	E 011° 07,8689'	197,4°	0,7
5	WPT 5 W-lich Sälhunderev	N 57° 19,9958'	E 011° 07,4719'	171,1°	0,6
6	WPT 6 Hafeneinfahrt Österby	N 57° 19,3612'	E 011° 07,6552'		

☐ **Route umkehren**

Laden	Laden & zum GPS	Löschen	Drucken	Zurück

39 *Wegpunkte können direkt zum GPS-Gerät übertragen werden*

Ich lege die Route von Anholt nach Østerby an und speichere sie ab (Abb. 38). Gleichzeitig habe ich die Möglichkeit, die Wegpunktliste auf dem GPS76 über NMEA abzuspeichern. Ein Vorteil ist sicher, dass die lästige Tipperei mit der Wipptaste wegfällt und ich somit Übertragungsfehler reduzieren kann (Abb. 39). Allerdings stelle ich fest, dass die Wegpunkte im GPS (drei Nachkommastellen) nach dem Überspielen an der dritten Stelle hinter dem Komma von denen im Rechner (vier Nachkommastellen) abweichen. Das ist aber tolerierbar, da es sich nur um einige Meter Differenz handelt. Auf dem schon erwähnten Gaffelkutter stand das professionelle Programm Navi-Sailor 3000 von Transas Marine zur Verfügung. Auch dies ist kein elektronischer Kartenplotter, sondern Software, die in Kombination mit einem Rechner und einem GPS-Empfänger erst zu einem leistungsfähigen elektronischen Kartenplotter wird. Die Herstellerfirma Transas Marine besitzt auf dem ECDIS-Sektor (ECDIS = *Electronic Chart Display and Information System*) im professionellen Bereich eine führende Position, die aktuelle (2005) Yacht-Version heißt *Navi-Gator* und benutzt die gleichen elektronischen Seekarten.

Die vielen Möglichkeiten der Software können hier selbstverständlich auch nicht annähernd beschrieben werden. Etwas vereinfacht kann gesagt werden, dass bereits diese Einstiegsversion im Prinzip über die meisten Fähigkeiten der großen und teuren professionellen Verwandtschaft verfügt. So kann das Display unterschiedlichen Beleuchtungsverhältnissen angepasst werden, in den Karten können zusätzliche Eintragungen gemacht werden, der Nutzer kann umfangreiche Sicherheits- und Alarmfunktionen einsetzen, die Software kann mit Sensorinformationen (GPS) navigieren oder alternativ koppeln und so fort. Das alles neben den zu erwartenden üblichen navigatorischen Funktionen.

Noch so viele Beschreibungen und Erörterungen ersetzen aber keine praktische Erprobung. Wir wollen uns daher jetzt dem Praxistest zuwenden.

Praxistest

Wir kommen noch einmal auf unser Beispiel im Kattegat zurück. Dem Monitorbild in Abb. 40 entnehmen wir die folgenden Informationen (Schreibweise wie in der Abbildung, Zeit UTC +02:00):

Datum: 14.08.05

Uhrzeit: 17:20:24

Ship 02:00 E bedeutet, dass die Bordzeit nicht in UTC angezeigt wird, sondern zwei Stunden weiter = UTC + 2h

Position nach GPS: 57°33.636N 010°48.339 E

Secondary None bedeutet, dass kein zweites GPS-Gerät angeschlossen ist, also nur die *Primary GPS-Position* angezeigt wird.

Kurs über Grund (COG) nach GPS: 324.0°

Fahrt über Grund (SOG) nach GPS: 6.7 kt

HDG: Heading ist die Vorausrichtung, sie wird nicht angezeigt, weil kein elektronischer Kompass bzw Kreiselkompass angeschlossen ist. Das Gleiche gilt für die **Fahrt durchs Wasser (LOG)**.

Zur Route liefert die Abbildung die folgenden Aussagen:

Route Data

Route: Øesterby – Skagen, WP (Wegpunkt) 1 Hafeneinfahrt Skagen

Course (Sollkurs): 323,8°, Das Feld neben **New** ist leer; hier wäre der nächste Sollkurs angezeigt, wenn es noch weitere Wegpunkte gäbe.

XTE (Cross Track Error): 79 m stb

BTW (Peilung Wegpunkt): 323,6°

DTW (Distanz Wegpunkt): 11.5 nm

ETA (Ship): 14.08.2005 19:02:58

TTG (time to go/verbleibende Fahrzeit): 0 d 01 h 42 m

Ganz unten rechts ist noch der Hinweis auf das Kartendatum zu sehen.

Die Route besteht aus nur zwei Wegpunkten. Der erste Wegpunkt ist in Abb. 40 nicht zu sehen, er liegt direkt vor der Hafeneinfahrt von Østerby. Der zweite befindet sich in der Hafeneinfahrt von Skagen und hat die Nummer 1. Wenn Sie das Symbol des Schiffes auf der Karte betrachten – es wird durch zwei konzentrische Kreise symbolisiert –, dann sehen Sie, dass im Mittelpunkt ein Vektor mit Doppelpfeilspitze ansetzt. Offensichtlich charakterisiert dieser Vektor unsere augenblickliche Bewegungsrichtung und auch unsere Fahrt. Sie können sehen, dass der Pfeil in Richtung der Kurslinie zeigt (wir liegen schließlich nur 0,2° vom Sollkurs ab); außerdem können Sie vielleicht die rote und grüne Linie erkennen, die parallel zur Kurslinie verlaufen. Es sind die Begrenzungslinien für den XTE.

Von der aktuellen Position peilt Wegpunkt 1 323,6° *(BTW: bearing to waypoint)*, seine aktuelle Distanz (DTW: distance to waypoint) beträgt 11,5 sm. Aus der augenblicklichen Fahrt über Grund resultiert bis zum Wegpunkt eine

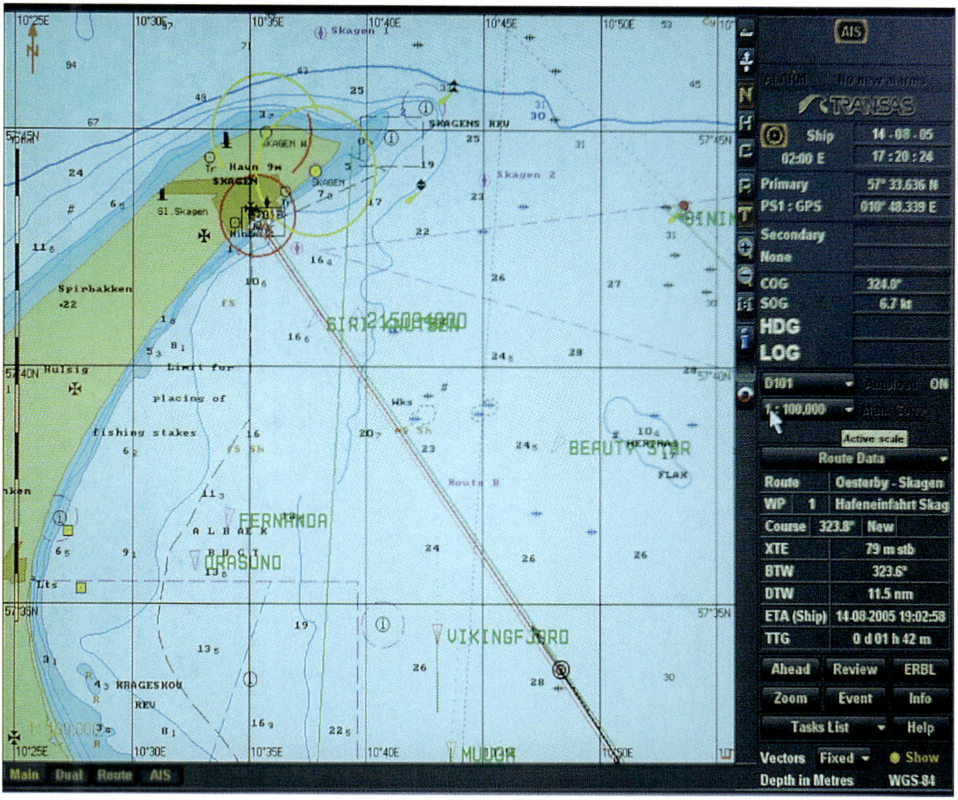

40 *LCD-Bildschirm: Das Navigationsprogramm Navi-Sailor 3000 mit AIS*

41 *Displays der Map-Seite: Garmin GPSmap 60CS und GPS76*

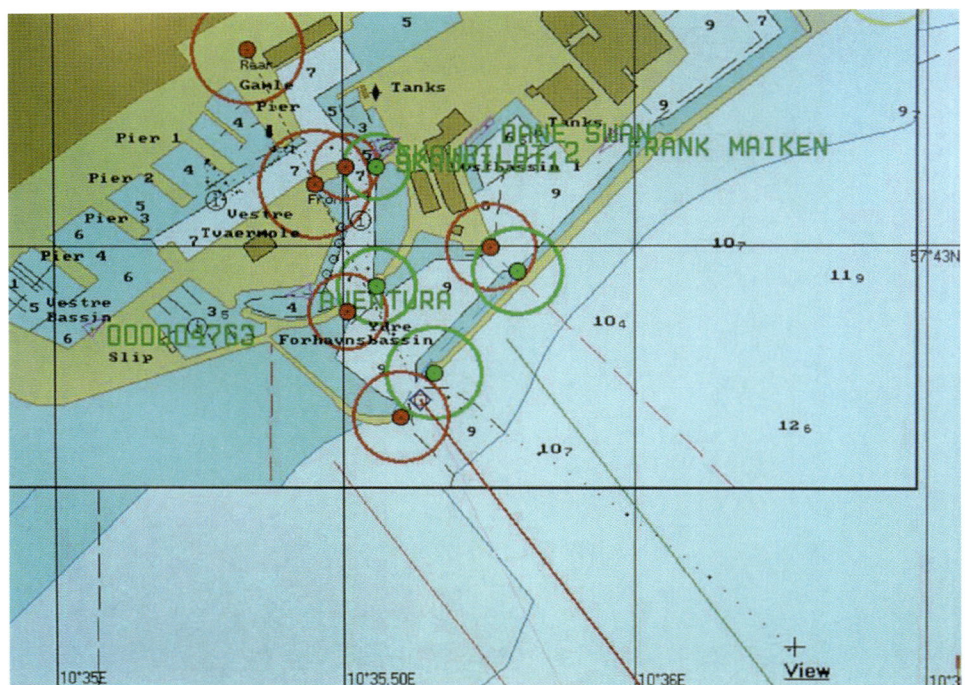

42 Das Ende der Route liegt in der Hafeneinfahrt (kleines Quadrat). Die Routenlinie (rot) ist von je einer XTE-Linie begleitet (eingestellt auf 0,1 sm). Die schwarz gepunktete Linie, die von rechts unten Richtung Hafeneinfahrt führt, ist die »Track«-Linie mit dem tatsächlich geplotteten GPS-Weg (Bildschirmausschnitt aus dem Programm Navi-Sailor 3000)

Segelungsdauer (TTG: time to go) von 1 Stunde 42 Minuten.

Daraus folgt das angegebene ETA; Zeit wieder in MESZ. Bei New (neben Course) würde der Kurs zum nächsten Wegpunkt angegeben werden. Da es keinen weiteren Wegpunkt gibt, fehlt diese Angabe. Fixed bedeutet feste Länge des Schiffsvektors.

Die Software bietet eine weitere interessante Möglichkeit, die in Abb. 42 erkennbar ist.

Beachten Sie die aus kleinen Punkten bestehende Linie, die in den Hafen von Skagen führt. Sie stellen Zeitmarken auf der durchlaufenen Bahn (Track) dar. Diese Vergangenheitsdarstellung kann auf Wunsch in das Kartenbild eingeblendet werden.

Interessant ist aber noch etwas anderes. Über die blaue Taste i (Information) in der schmalen Menüleiste in Abb. 40 kann ein auf der Karte beliebig positionierbares Quadrat aktiviert werden. Dieses kann auf ein Feuer, eine Tiefenlinie oder auf irgendeinen Punkt des Seegebietes gesetzt werden: in Abb. 43 auf das Feuer an der Hafeneinfahrt nach Skagen.

```
Light                                                              to top
Type: Fl                    Flash      Eclipse      Light            Range
Period: 3.0 s               0.7 s      2.3 s      0.0°      360.0°    5.0 nm

Lat: 57°42.878N
Lon: 010°35.655E
Height: 7.0 m
Elevation: 8.0 m
Nat.number:
Int.number: C0004.4
Notes: Horn(2) 30s. Reserve fog signal Reed
```

43 *Wegpunkte können direkt zum GPS-Gerät übertragen werden*

44 *Das Hafenfeuer mit Nebelhorn an der Einfahrt von Skagen*

Daraufhin erscheint ein Informationsfeld, das detaillierte Informationen zu diesem Feuer liefert (Abb 43). Es handelt sich um ein Blitzfeuer (Fl) grün 3 s Wiederkehr (Period). Unter der grafischen Veranschaulichung der Kennung sind die Position, Höhe über Erdboden, Feuerhöhe über Wasser, nationale oder internationale Nummer angegeben. Rechts der sichtbare, gegebenenfalls verdeckte Sektor und die Nenntragweite in Seemeilen. Außerdem sehen wir, dass das Feuer mit einem Nebelhorn ausgestattet ist (Abb. 44 entstand beim Einlaufen nach Skagen). Fragt man mit dieser Funktion Informationen zu einem beliebigen Punkt auf See ab, erscheinen zumindest immer Angaben über Herausgeber, Kartenmaßstab, Berichtigungsstand, Kartendatum und Tiefen.

Kartenplotter und AIS

Sicher ist Ihnen aufgefallen, dass in Abb. 39 in Grün Schiffsnamen eingetragen sind, neben kleinen spitzen Dreiecken. Der Grund dafür ist, dass das Programm Navi-Sailor 3000 mit einer AIS-Anlage gekoppelt ist. AIS steht für **A**utomatic **I**dentification **S**ystem, ein automatisches Schiffsidentifizierungssystem. Schiffe, die mit einer AIS-Anlage ausgerüstet sind, können von anderen AIS-ausgerüsteten Schiffen unter anderem

- statische Informationen
  Identität: Name, Rufzeichen, IMO-Nummer, MMSI-Nummer, Länge, Breite, Art des Schiffes
- dynamische Informationen
  (GPS-)Position mit Uhrzeit in UTC, Kurs über Grund, Fahrt über Grund, Steuerkurs bzw. Vorausrichtung (Heading) und Drehrate, Status (z. B. manövrierunfähig)
- reisespezifische Informationen
  Zielhafen, ETA, Ladungskategorie, Tiefgang
- kurze Sicherheitsmeldungen und kurze Textmitteilungen anderer Teilnehmer

empfangen. Die Daten werden in kurzen Abständen über UKW gesendet, sodass alle AIS-Teilnehmer ein aktuelles Bild der Verkehrssituation im Ausbreitungsbereich von UKW erhalten.
Seit Ende 2004 müssen alle ausrüstungspflichtigen Schiffe in internationaler Fahrt und mit einer Übergangsfrist bis Juli 2008 auch solche in internationaler Fahrt mit AIS ausgerüstet sein. Abb. 45 zeigt, welche Angaben beim Navi-Sailor 3000 zu sehen sind, wenn man mit dem Mauszeiger auf das dreieckige Schiffssymbol klickt.

Aus den oben genannten Schiffsdaten kann das bordeigene Programm noch weitere Daten errechnen:
CPA (Closest Point of Approach) – Entfernung bei größter Annäherung
TCPA (Time to Closest Point of Approach) – Zeit bis zur größten Annäherung (das Minuszeichen bedeutet, dass dieser Zeitpunkt 14,7 Minuten zurück liegt)
COG, SOG, HDG: Fahrt und Kurs über Grund sowie die Vorrausrichtung
BRG: Peilung des eigenen zu dem fremden Schiff
RNG (Range): Abstand zum fremden Schiff
DTE: Data Terminal Equipment
Wer sich schon einmal intensiver mit dem Thema Radar beschäftigt hat, dem kommen wohl einige der oben genannten Abkürzungen bekannt vor. Tatsächlich ist AIS eine hervorragende Ergänzung zu Radar, indem es gerade dessen Schwachstelle der klaren Identifizierung anderer Fahrzeuge behebt. AIS ist daher kein reines Navigations-, sondern zuallererst ein Kommunikationsmittel, mit dem eine Verkehrssituation von allen Teilnehmern verfolgt werden kann. Es erleichtert zudem das gezielte Ansprechen eines anderen Verkehrsteilnehmers.
Durch den starken Anstieg des Schiffsverkehrs ist AIS zu einer der wichtigsten und nützlichsten Neuerungen der letzten Jahre geworden. Neben der für ausrüstungspflichtige Schiffe vorgeschriebenen so genannten *AIS Class-A* gibt es *AIS Class-B* für nicht ausrüstungspflichtige Schiffe – also auch für Yachten.*

AIS Class-B-Geräte dürfen den Datenaustausch zwischen Class-A-Teilnehmern nicht beeinträchtigen, weshalb die Möglichkeit vorgesehen ist, die Sendefunktion von Class-B-Geräten für kurze Zeit unterbrechbar zu machen, zum Beispiel im Falle von Massenstarts bei einer Regattaveranstaltung. Solche Unterbrechungssignale würden nur von einer Basisstation an Land ausgesendet werden.

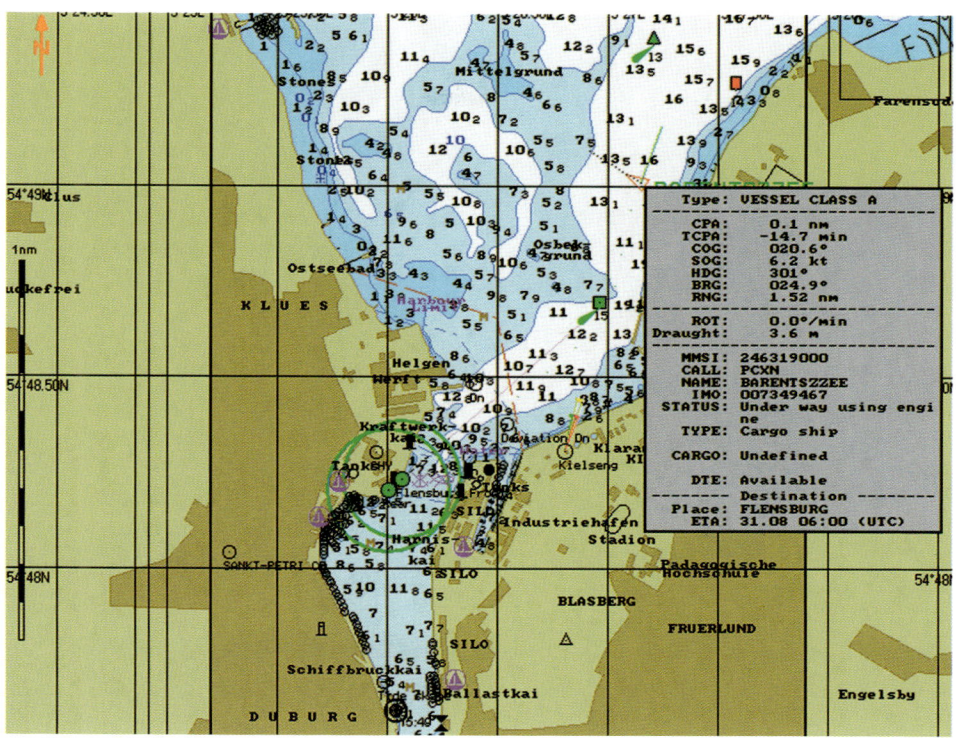

Type:	VESSEL CLASS A
CPA:	0.1 nm
TCPA:	-14.7 min
COG:	020.6°
SOG:	6.2 kt
HDG:	301°
BRG:	024.9°
RNG:	1.52 nm
ROT:	0.0°/min
Draught:	3.6 m
MMSI:	246319000
CALL:	PCXN
NAME:	BARENTSZZEE
IMO:	007349467
STATUS:	Under way using engine
TYPE:	Cargo ship
CARGO:	Undefined
DTE:	Available
------- Destination -------	
Place:	FLENSBURG
ETA:	31.08 06:00 (UTC)

45 *Sobald man bei aktivem AIS mit dem Mauszeiger auf das Schiffssymbol geht (kleines rotes Dreieck an der oberen linken Ecke des grauen Kastens), bekommt man Identifikations- und Kursdaten angezeigt. Unser eigenes Schiff wird durch den grünen Doppelkreis unten im Bild repräsentiert*

AIS Class-B-Geräte können sich im Funktionsumfang voneinander unterscheiden. Dieser kann von einer einfachen Basisausführung bis hin zu einem professionellen Leistungsumfang ähnlich den *AIS Class-A*-Geräten reichen. Neben den Kosten (wegen des erforderlichen millisekundengenauen Timings muss z. B. ein GPS-Empfänger integriert sein) spielt der Installationsaufwand eine Rolle.

Falls auf einer Yacht die UKW-Antenne im Mast für Sprechfunk, DSC und AIS dienen soll, ist das möglich. Allerdings wird dann das Senden und Empfangen der AIS-Daten für die Dauer eines Funkgesprächs unterbrochen werden müssen.

Reine AIS-Empfänger, die es schon seit einiger Zeit gibt, haben natürlich den Nachteil, dass man selbst nicht bei anderen AIS-Teilnehmern erkannt wird. In letzter Zeit sind einige *AIS Class-B*-Geräte entwickelt worden; ein Blick ins Internet kann helfen, auf dem Laufendem zu bleiben.

55

Für wen und wann sind elektronische Kartenplotter sinnvoll?

Die Probleme in der Großschifffahrt

Wir bewegen uns hier auf einem sehr schwierigen Feld. Die Industrie hat in den vergangenen Jahren umfangreiche und auch schon weit fortgeschrittene ECDIS-Systeme entwickelt. Diese Anlagen wurden zunächst im Testbetrieb mit Sondergenehmigung auf Seeschiffen gefahren. 1999 wurde das erste ECDIS-System vom BSH offiziell zugelassen. Eine *Worldwide Electronic Navigational Chart Database (WEND)* befindet sich im Aufbau.

Realisiert ist bereits ein *RENC (Regional Electronic Navigational Chart Co-ordinating Centre):* das 1999 in Stavanger (Norwegen) eröffnete PRIMAR. Es arbeitet bisher mit 12 (einschließlich Russland) europäischen nationalen hydrografischen Diensten zusammen. Diese erstellen die *Electronic Navigational Charts (ENCs)*. In Deutschland ist dafür das BSH zuständig. Seit Ende 1997 wurden vom BSH über 50 den Anforderungen der *IHO (International Hydrographie Organization)* und der *IMO* genügende Karten (für Ost- und Nordsee) herausgebracht. Mit ENC kann man bereits von Nordnorwegen bis Sri Lanka fahren. In Europa gibt es noch Lücken in Irland und Kroatien.

Trotzdem wird es noch einige Jahre dauern, bis ein weltweites Kartenwerk verfügbar ist. Mit ECDIS-Anlage an Bord braucht man keine Papierseekarten mehr für die Gebiete, für die es ENCs gibt. Voraussetzung sind entsprechende Redundanzen (Reservesysteme). In Gebieten ohne ENCs können alternativ auch *Raster Charts* des britischen *ARCS (Admiralty Raster Chart Service)* eingesetzt werden. Dabei handelt es sich um eingescannte Papierseekarten. Durch Rastercharts werden die Ausrüstungsanforderungen nach SOLAS jedoch nicht erfüllt. Deshalb muss zusätzlich ein adäquater Satz Papierseekarten an Bord sein.

Was *adäquat* konkret bedeutet, wird vom jeweiligen Flaggenstaat festgelegt. Dreh- und Angelpunkt aller ECDIS-Systeme ist die Berichtigung der ENCs.

Dafür gibt es inzwischen mehrere Möglichkeiten: Berichtigung durch *CD-ROM*, über *INMARSAT* oder *GSM (Global System for Mobile Communications,* Mobilfunkstandard).

International bestehen noch immer Vorbehalte gegenüber ECDIS und dessen endgültiger Realisierung. Trotzdem wird sich das System wohl etablieren, wenn auch vielleicht nur in Teilen der Schifffahrt.

Die Probleme in der Sportschifffahrt

Zulassungsprobleme gibt es hier nicht. Für den *Yacht Navigator Premium 2.0* werden Rasterkarten, für *Navi-Gator* (und die professionelle Version *Navi-Sailor 3000*) so genannte vektorisierte Karten verwendet. Die Karte und ihre Berichtigung sind natürlich auch für die Sportschifffahrt grundsätzlich ein Problem. Zwar sind die amtlichen Sportschifffahrtskarten bis zum Ausgabedatum durch das BSH berichtigt, eine Berichtigung durch die Vertriebsstellen bis zum Verkaufsdatum wie für die amtlichen Seekarten findet aber nicht statt. Um die Aktualisierung müssen wir uns also selbst kümmern. Beispielsweise, indem wir die Karten vor Antritt der Reise nach den NfS aus dem Internet berichtigen. Auch elektronische Karten sind nicht unbedingt bis zum aktuellen Datum berichtigt.

Schwierigkeiten bereitet zum einen das Problem der Nord-Referenz, der Kenntnis der rechtweisenden Nordrichtung also, das ja auch schon vom Radar auf Sportfahrzeugen her bekannt ist, wenn es anders als relativ voraus gefahren werden soll. Der Magnetkompass bleibt trotz Fluxgate eine wesentliche Schwachstelle. Zuverlässige Verhältnisse kann nur ein Kreiselkompass schaffen, und der kommt für Yachten gewöhnlich nicht in Betracht. Aber selbst in der Großschifffahrt bereitet der Kreiselkompass im Zusammenhang mit ECDIS Schwierigkeiten.

Zum anderen liegen die Probleme bei der Rechner-Hardware und hier vor allem beim Display. Schon für ein Stand-alone-GPS gilt eigentlich, dass ich mit einem Handy zwar sehr flexibel und mobil bin, die von den Herstellern aber vor allem propagierten Eigenschaften nur sehr eingeschränkt nutzen kann. Bei der »Schönwettersegelei« mag das ja noch angehen. Wenn das Boot aber richtig zukehr geht und alles durcheinander fliegt, kann ich den Winzling im Cockpit weder ruhig in der Hand halten noch auf dem Miniaturdisplay irgendetwas verfolgen.

Wer chartert, sollte daher ein Handgerät mit externer Antenne und Klemmvorrichtung wählen. Damit kommt man ganz gut zurecht. Am besten ist natürlich eine stationäre Anlage mit fest installierter Antenne und einer robusten Tochteranzeige im Cockpit (Abb. 46).

Bei elektronischen Kartenplottern ist nach meiner Meinung die Auswahl auf eine einzige Alternative zusammengeschrumpft, die dann natürlich gar keine mehr ist. Jedenfalls dann, wenn eine richtige Rechnerlösung und kein erweitertes Handgerät verwendet werden soll. Es kommt nur eine stationäre Anlage in Betracht. Ein Notebook kann noch viel weniger als ein GPS-Navigator aufgeklappt im Cockpit bedient

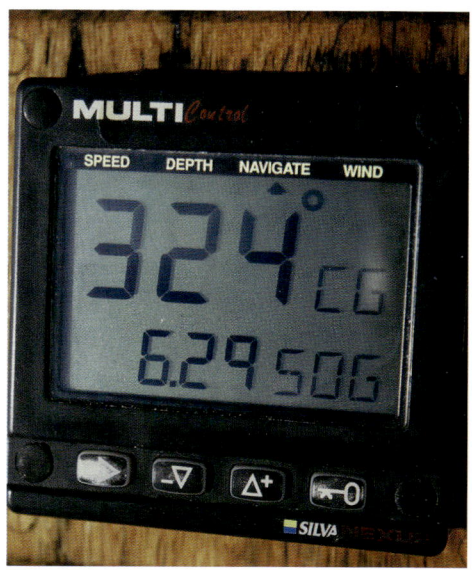

46 *Anzeige von Kurs (CG) und Fahrt (SOG) auf einem Tochtergrät an Deck. Die Kurs-über-Grund-Anzeige eines GPS-Empfängers kann keinen Steuerkompass ersetzen*

werden. Man kann das gute Stück auch kaum am Kartentisch »festlaschen«. Dazu kommt, dass Notebooks zwar wohl etwas robuster sind als Desktop-PCs, den Betrieb auf See aber vielleicht doch nicht beliebig lange mitmachen.

Es gibt seit einiger Zeit so genannte Outdoor-Notebooks, die ganz speziell für raue Umgebungsbedingungen ausgelegt sind.

Und nun das Hauptproblem. Aus der blendenden Pazifiksonne runter unter Deck, Sonnenbrille abgesetzt, Helligkeit und Kontrast auf Maximum. Trotz des teuren TFT-Displays ist nichts zu sehen! Die Augen müssen sich erst anpassen an das gedämpfte Licht.

Und dann fahren Sie mal bei bewegter See mit Trackball oder Mousepad den Zeiger an eine bestimmte Stelle des Displays. Noch bevor Sie eine Taste gedrückt haben, holt das Boot just in dem Moment so schön über, dass alles einmal wieder so richtig klar ist.

Nun, es gibt natürlich zumindest andere Displays. Zwar sind für uns Monitore mit 21" oder gar 29" (21 oder 29 Zoll Bildschirmdiagonale), wie sie in der Großschifffahrt gefahren werden, absolut utopisch. Ein 17"- oder 19"-LCD-Display wäre da schon möglich. Aber das leidige Trackball- oder Mousepad-Problem bleibt bestehen. Natürlich kann man alternativ auch mit Tastensteuerung arbeiten.

Es bleibt aber festzuhalten, dass ich auf einem Sportfahrzeug nicht in einem bequemen, ergonomisch einstellbaren Sessel sitze, vor mir das riesige ECDIS-Display mit überlagertem Radarbild, bequem erreichbar UKW-Telefon und Fahrhebel, und das alles bei 240° Blickwinkel durch die Brückenfenster.

Also alles der berühmte nicht mehr ganz heiße Kaffee? Unserer Ausgangsfrage, für wen und wann denn nun Kartenplotter in Frage kommen, sollten wir jetzt näher gekommen sein.

Fazit

Wie schon angemerkt, werden sich diese Anlagen in den kommenden Jahren in der Großschifffahrt wohl durchsetzen. Auf großen Motoryachten und auch auf größeren Seglern sind die Systeme sicherlich auch lauffähig und einsetzbar.

In allen anderen Fällen stellen sie zumindest ein hervorragendes Planungswerkzeug dar. Ich meine, dass sie auch sehr gut im Aus- und Weiterbildungsbereich eingesetzt werden können, vermitteln sie doch durch spielerische Betätigung ein Gefühl für die Möglichkeiten der modernen Navigation und den aktuellen *state-of-the-art*.

In einem Punkt werden große Papierkarten gegenüber elektronischen Karten noch eine ganze Weile im Vorteil bleiben: Eine große amtliche Seekarte kommt dem, was man auf einer Karte überblicken kann, bei gleichzeitiger Möglichkeit, Details zu erkennen, recht nahe. Da sind Sportbootkarten schon ein notwendiger Kompromiss, weil man die großen Karten ungefaltet gar nicht auf einem Yacht-Kartentisch ausbreiten kann. Das Hin- und Herzoomen der Bildschirmanzeige ist eine weitere Stufe dieses Kompromisses, der bei den kleinen Displays der GPS-Handys schließlich seine Grenze findet.

Wie genau sind GPS-Positionen?
Stopp der Selective Availability – Genauigkeit in der Theorie

Das aus Sicht des Anwenders bei weitem wichtigste GPS-Ereignis der letzten Jahre war der Fortfall der *SA (Selective Availability*, eingeschränkte Verfügbarkeit, künstliche Verschlechterung der Positionsgenauigkeit) im Jahr 2000. Was aber bedeutet das konkret, und was ist überhaupt unter *Positionsgenauigkeit* zu verstehen?

Wenn wir uns im Folgenden darüber unterhalten wollen, dann müssen wir notgedrungen die *Praxis* im Titel unseres Buches für einen Augenblick etwas großzügiger interpretieren. Zunächst sehen wir uns die Pressemitteilung des *Weißen Hauses* (Abb. 47) an (die Unterstreichungen habe ich nachträglich eingefügt): Dort ist davon die Rede, dass zivile Nutzer Ortsbestimmungen mit einer bis zu zehnmal höheren Genauigkeit durchführen können als bis-

---

THE WHITE HOUSE

Office of the Press Secretary

For Immediate Release May 1, 2000

**STATEMENT BY THE PRESIDENT REGARDING THE UNITED STATES'
DECISION TO STOP DEGRADING GLOBAL POSITIONING SYSTEM
ACCURACY**

Today, I am pleased to announce that the United States will stop
the intentional degradation of the Global Positioning System (GPS)
signals available to the public beginning at midnight tonight. We
call this degradation feature Selective Availability (SA). This will
mean that civilian users of GPS will be able to pinpoint locations
up to ten times more accurately than they do now. ...

My decision to discontinue SA was based upon a recommendation
by the Secretary of Defense in coordination with the Departments
of State, Transportation, Commerce, the Director of Central
Intelligence, ... Along with our commitment to enhance GPS for
peaceful applications, my administration is committed to
preserving fully the military utility of GPS. The decision to
discontinue SA is coupled with our continuing efforts to upgrade
the military utility of our systems that use GPS, and is supported
by threat assessments which conclude that setting SA to zero at
this time would have minimal impact on national security.
Additionally, we have demonstrated the capability to selectively
deny GPS signals on a regional basis when our national security is
threatened. ...

47 *Pressemitteilung des Weißen Hauses*

her *(to pinpoint locations up to ten times more accurately ...).*
Die bis 2000 für nichtmilitärische Anwender bereitgestellte Genauigkeit war 100 m. Das bedeutet, dass der Beobachter sich mit 95 % Wahrscheinlichkeit in einem Kreis befand, dessen Radius 100 m betrug. Von 100 Positionen lagen 95 innerhalb, 5 außerhalb dieses Kreises. Fünf Orte hatten demnach eine geringere Genauigkeit. Selbstverständlich konnte der Positionsfehler zeitweise auch nur 1 m betragen. Die Formulierung »mit 95 % Wahrscheinlich-

keit in einem Kreis mit ...« sagt ja nichts darüber aus, wo innerhalb dieses Kreises das Schiff steht.
Die in der Praxis real erzielbare Genauigkeit konnte aber auch geringer als 100 m sein, da sie zusätzlich abhängt von der Qualität des GPS-Navigators, den Empfangsbedingungen usw., auf die der Betreiber keinen Einfluss hat. Laut Pressemitteilung müsste die Genauigkeit jetzt einen Wert von bis zu 10 m *(up to ten times ...)* erreichen. Wir können auch sagen, der Radius des Fehlerkreises müsste im güns-

tigsten Fall 10 m betragen. Von 100 Positionen würden dann wieder 95 innerhalb und 5 außerhalb liegen.

Soweit die Theorie. Wie sieht es aber in der Praxis aus?

Genauigkeit in der Praxis

Am einfachsten können Genauigkeitsaussagen an Land getestet werden, mithilfe bekannter Vergleichspositionen.

Wir befinden uns im Yachthafen von Cuxhaven und haben unseren GPS-Navigator »in Stellung gebracht«. Es handelt sich diesesmal um den *GPS 12 XL* von Garmin. In Abb. 48 ist der Navigator mit einem Notebook verbunden und bezieht seine Signale von einer angeschlossenen externen Antenne (rechts auf dem

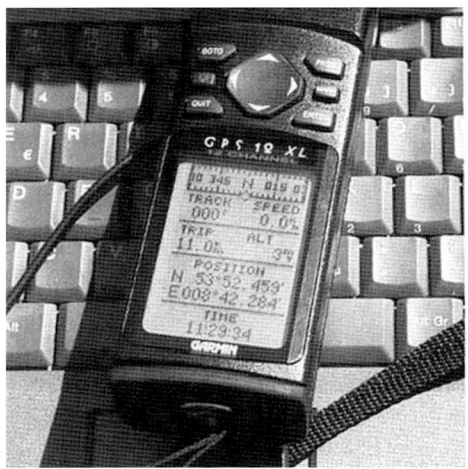

49 *Hier noch einmal der GPS-Navigator in einer Detailaufnahme. Falls Sie die Angaben auf dem Display nicht entziffern können: Die Position ist 53° 52,459' N 008° 42,284' E. Ein Teilstrich bei Breiten- und Längenskala entspricht 0,1'. Der GPS-Navigator wird nicht nur zum Segeln, sondern auch als »car navigation system« eingesetzt – deshalb auch die metrischen Einheiten, zum Beispiel bei Speed*

48 *Messaufbau mit Notebook, GPS-Navigator Garmin 12 XL mit Antenne und dazugehörigem »Kabelsalat«. Wir befinden uns im Yachthafen von Cuxhaven. Wegen der blendenden Sonne ist auf dem Notebook-Bildschirm praktisch nichts zu erkennen*

Keyboard des Rechners). Abb. 49 zeigt einen Ausschnitt, auf dem Sie das Display des GPS 12 XL erkennen können.

Optimal war der Messzeitpunkt nicht gerade, wie an TIME 11:23:34 erkennbar. Zudem war es an diesem Julitag richtig knackig heiß und blendend hell, was für ein Notebook ganz besonders ungünstig ist. Unter anderem führte das dazu, dass Abb. 48 keine Spur von einem Displaybild zeigt. Ich habe das Computer-Display dann einfach mit einem T-Shirt abgedeckt, um überhaupt etwas erkennen zu können. Letztlich hat aber doch alles gut geklappt.

Zunächst sehen Sie in Abb. 50 die vom GPS-Navigator gefundene Position in einem Aus-

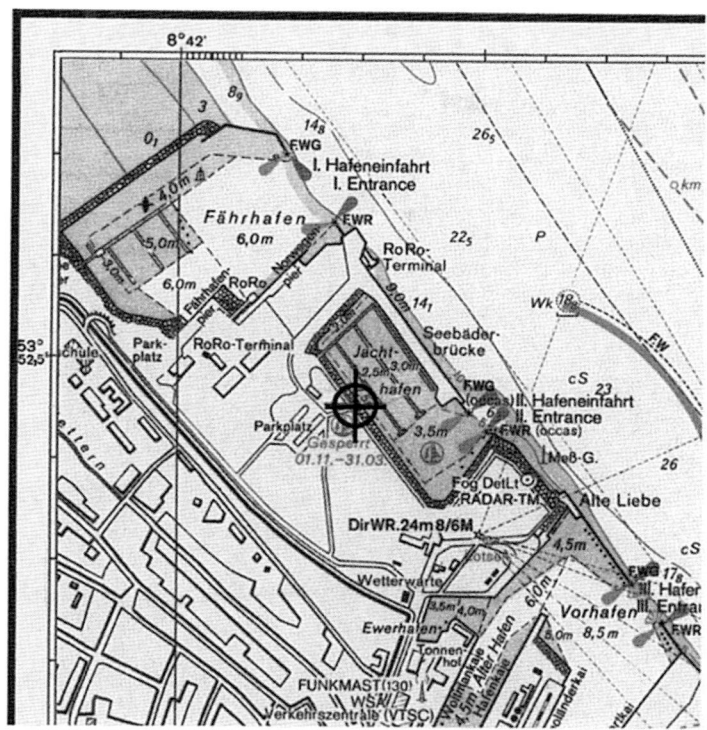

50 *Ausschnitt aus Blatt 9 des BSH-Sport-bootkartensatzes 3014 »Helgoländer Bucht« mit eingetragener GPS-Position im Yachthafen von Cuxhaven. Einzelheiten siehe Text*

schnitt von Blatt 9 des BSH-Sportbootkartensatzes 3014 »Helgoländer Bucht«. Ein Teilstrich der Breitenskala entspricht 0,1', also rund 185 m. Der zehnte Teil davon, etwa 20 m, ist bei diesem Maßstab noch gut erkennbar. Im Maßstab dieses Plans scheint die Position demnach gut zu stimmen. Wie aber kann das noch besser überprüft werden?

Der GPS 12 XL führt jede Sekunde eine Positionsbestimmung durch. Die Positionen können mit geeigneter Software ausgewertet und grafisch dargestellt werden. Genau das ist hier gemacht worden. Der Navigator war etwa 105 Minuten in Betrieb und hat demnach über 6000 GPS-Orte geliefert. Abb. 51 zeigt das Ergebnis der Auswertung. Die Darstellung umfasst, von der Mitte aus gerechnet, 20 m nach Norden und Süden und nach Osten und Westen, ist also insgesamt 40 x 40 m groß.

Ein Teilstrich bedeutet 2 m. Da vom Rechner die GPS-Koordinaten der NMEA-Schnittstelle verwendet werden, beträgt die Auflösung 0,001'. Das bedeutet im vorliegenden Fall in der Breite etwa 1,85 m und in der Länge etwa 1,11 m. Von den vielen Positionen fallen in der Auswertung demnach die meisten zusammen – in Abb. 51 auf Seite 62 erscheinen also nur relativ wenige Kreuze. Mangels einer geodätisch genau bekannten Position wurde hier als Startposition (Mitte der Darstellung) eine der ersten angezeigten GPS-Positionen eingegeben.

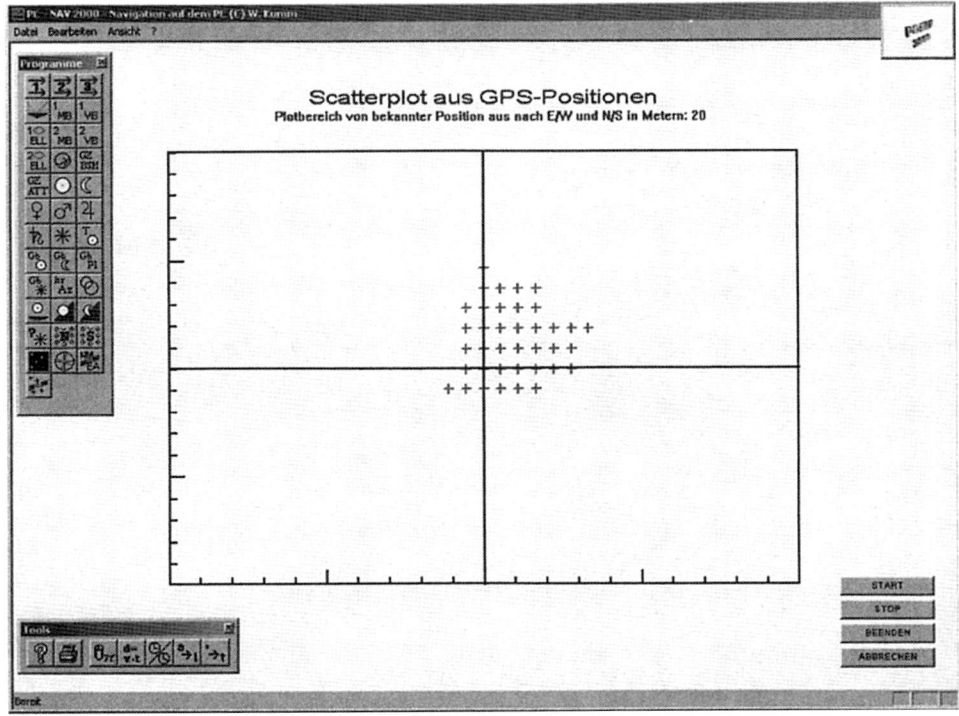

51 *Auswertung der GPS-Beobachtungen in einem so genannten »Scatterplot«. Ein Teilstrich in Breite und Länge entspricht 2 m. Weitere Einzelheiten siehe Text*

Die »Punktwolke« hat eine Breitenausdehnung von rund 11 m und eine Längenausdehnung von rund 9 m. Ganz ohne alle komplizierte Statistik ist sofort zu sehen, dass die wahrscheinliche Position wohl einige Meter östlich und nördlich des Mittelpunktes der Grafik liegen wird und dass der Radius des Fehlerkreises kleiner als 10 m ist. Natürlich kann eine einzige Messung nicht repräsentativ sein. Das Ergebnis stimmt aber gut mit ausführlichen Untersuchungen anderer Beobachter überein. Bei der Messung lieferten zu keinem Zeitpunkt weniger als neun Satelliten Signale an den Navigator.

Wesentlich schlechter sieht es aus, wenn durch Abschattung (Buchten mit höheren Bergen) weniger Satelliten verfügbar sind. Bei fünf Satelliten habe ich zum Teil Fehlerkreisradien von 25 bis 30 m erhalten.

Fazit

Mit welcher Genauigkeit ist denn nun unter Praxisbedingungen auf See zu rechnen? Die so genannte Systemgenauigkeit, also das, was der Betreiber von GPS konzediert, liegt bei etwa 10 m. Auch hier wieder als Radius des Fehlerkreises, in dem das Schiff mit 95 % Wahrscheinlichkeit steht.

Dazu kommen aber Einflüsse des GPS-Navigators und des Ausbreitungsweges der Signale von den Satelliten zum Empfänger, sodass im Mittel mit etwa 10 bis 15 m Praxisgenauigkeit gerechnet werden kann. Man muss natürlich immer damit rechnen, dass im konkreten Fall die Positionen auch einmal wesentlich ungenauer sein können.

Lassen Sie sich also durch die in aller Regel hohe Genauigkeit von GPS nicht dazu verleiten, die Gebote guter Seemannschaft zu ignorieren und Navigation auf See nur mit einem einzigen Verfahren zu betreiben. Zumindest aber kontrollieren wir die GPS-Navigation durch Koppeln.

Und noch eines ist wichtig, wenn auch nicht in unseren heimischen Gewässern, so doch in exotischeren Gebieten: Das Gradnetz kann in Bezug auf Landmassen, Korallenriffe und so weiter verschoben sein. In solchen Fällen muss immer relativ navigiert werden, das heißt optisch oder mit Radar mit Peilungen und Abständen, nicht nach Breite und Länge! Das gilt besonders für Gebiete, wo noch nicht einmal mehr die Vermessungsunterlagen bekannt sind und Neuvermessungen an den Kosten scheitern.

Blättern wir noch einmal zurück zu Seite 59 mit der Presseerklärung des *Weißen Hauses*. Was da in der zweiten und dritten Passage unterstrichen ist, ist doch sehr interessant, oder? Vor allem wird man dadurch wieder einmal nachdrücklich an das erinnert, was viele Leute anscheinend vergessen haben: GPS ist und bleibt ein militärisches Navigationssystem, und die militärische Nutzung hat absolute Priorität!

Differential GPS (DGPS)

DGPS ist eine Variante des normalen GPS mit hoher Genauigkeit und zusätzlichen Möglichkeiten. Vor dem Wegfall der künstlichen Positionsverschlechterung bot es für nichtmilitärische Nutzer die einzige (abgesehen von speziellen geodätischen Verfahren) Chance, trotz Selective Availability hohe Ortungsgenauigkeiten zu erzielen.

Wir wollen uns dieses Verfahren im Folgenden etwas näher ansehen, um entscheiden zu können, welche Bedeutung es für uns hat.

DGPS steht für Differential GPS. Dabei werden zusätzliche Signale verarbeitet, die für eine erhöhte Genauigkeit und gleichzeitig für eine Kontrolle der Zuverlässigkeit sorgen sollen. Es können zwei Varianten von DGPS unterschieden werden. Die eine Variante wird im weiteren Sinne zu DGPS gezählt. Es handelt sich dabei um die seit einigen Jahren nutzbare Erweiterung für GPS, die hauptsächlich für die Flugsicherung entwickelt wurde. Signale von geostationären Satelliten können von entsprechenden GPS-Geräten mit verwertet werden, sie enthalten Korrekturdaten für die eigentlichen GPS-Satelliten. Dadurch wird nicht nur die horizontale, sondern vor allem auch die vertikale Genauigkeit erhöht.

Diese so genannten *SBAS (Satellite Based Augmentation Systems* = satellitengestützte Erweiterungssysteme) gibt es für die USA *(WAAS)*, für Europa *(EGNOS)* und für Teile Asiens *(MSAS)**.

Die drei Verfahren sind so einheitlich, dass ein Empfänger, der WAAS-tauglich ist, auch

---

*WAAS – Wide Area Augmentation System, EGNOS – European Geostationary Navigation Overlay Service, MSAS – Multifunctional Transport Satellite based Satellite Augmentation System.

EGNOS- und MSAS-Signale nutzen kann. Die Verfahren werden stufenweise ausgebaut.

Das andere DGPS-Verfahren ist DGPS im engeren Sinne. Hier werden von Landstationen aus auf Langwelle Korrekturdaten gesendet.

Was ist für den Einsatz von DGPS erforderlich?

Um das EGNOS-Signal empfangen zu können, brauchen wir einen WAAS/EGNOS-fähiges Gerät. Viele der heutigen Geräte sind dafür geeignet. Eine Liste der EGNOS-geeigneten Empfänger kann man unter *http://esamultime dia.esa.int/docs/egnos/estb/receivers.htm* als PDF-Datei herunterladen. Im Zweifelsfall muss man den Hersteller fragen.

Das landgestützte DGPS kann mit einem (Standard-)GPS-Navigator nicht genutzt werden. Was also ist zusätzlich erforderlich? Um diese Signale empfangen zu können, benötigen wir neben dem GPS-Navigator einen besonderen Empfänger und eine zusätzliche Antenne. Bei modernen Anlagen ist der Empfänger für die Korrektursignale in den GPS-Empfänger integriert, und es ist nur noch eine einzige Antenne vorhanden. Auch unser preisgünstiges Testgerät kann sich in DGPS-Höhen schwingen. Da es zu den etwas schlichteren Anlagen gehört, muss es zu diesem Zweck mit einem Empfänger für die Korrektursignale verbunden werden, der seinerseits diese Signale über eine Zusatzantenne empfängt.

DGPS-Praxis

Jetzt aber zur Praxis. Unser Garmin GPS76 ist WAAS/EGNOS-tauglich, die Aktivierung kann unter *Setup/General* erfolgen. Wir stehen wieder auf der Kiel-Holtenauer Hochbrücke, denn wir brauchen einen guten Empfang und haben WAAS aktiviert. Der Betriebsmodus ist »Normal« und wir wechseln zur Positionsseite, auf der auch der Empfangsstatus angezeigt wird. Nach einigen Minuten taucht in mehreren der schwarzen Balken der Kleinbuchstabe d auf, das heißt, dass für diesen Satelliten Korrekturdaten verwertet werden.

Nach ein paar Minuten erscheint oben in der Anzeige statt *3D-GPS Position die* Angabe *3D Differential.* Wir sind also im DGPS-Modus. Die Daten stammen von einem der geostationären Satelliten. Wir können das an einer weiteren Satellitennummer erkennen, die erscheint, sobald WAAS aktiviert ist.

Theoretisch sollte die Genauigkeit jetzt auf 5 m gehen. Das Problem in unserem Fall ist jedoch, dass wir den falschen Satelliten erwischt haben, und zwar den, der für die USA gedacht ist. Er steht über Brasilien und ist auf unserer Anzeige am äußersten WSW-lichen Rand zu sehen. Dieser Satellit mit der Nummer 35 sendet Korrekturdaten für Nordamerika, die unser GPS zwar verwertet, die aber unsere Genauigkeit verschlechtern. Vergleichen Sie die Abb. 52 mit der Abb. 9 auf Seite 19: Die Positionsbestimmungen sind an derselben Stelle gemacht worden.

Ich habe diesen Versuch noch mehrmals wiederholt, wobei jeweils vorher sämtliche Daten gelöscht wurden, damit das GPS-Gerät die Satellitendaten wieder neu empfangen konnte. Es blieb aber bei der Wahl des falschen Satelliten.

In diesem Fall ist es besser, auf DGPS zu verzichten. Wenn man WAAS/EGNOS also nutzt, sollte man darauf achten, dass die Daten von dem richtigen Satelliten empfangen werden. Das wäre für Europa die Nummer 33, weiter östlich die Nummer 44.

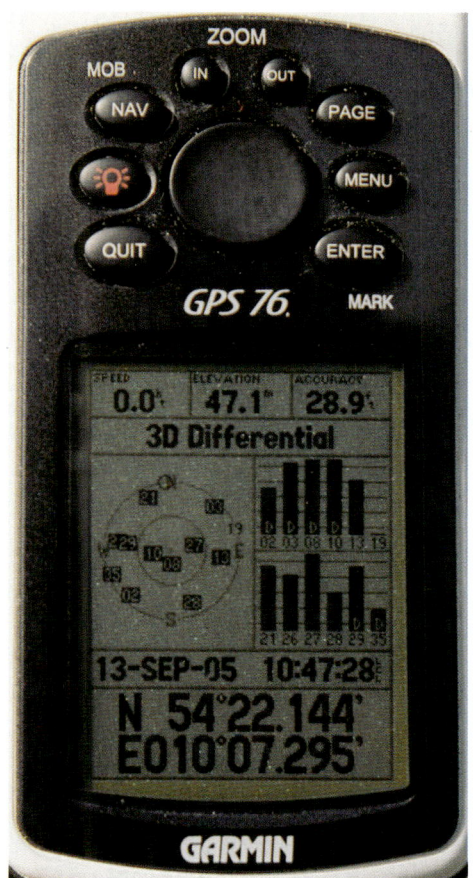

53 *GPS/DGPS-System im Test auf der Weser. Die GPS-Antenne im Cockpit lässt sich weder durch den fliegenden Aufbau noch durch Krängung oder Abschattung beeindrucken*

52 *DGPS-Empfang mit dam GPS76. Achten Sie auf den Satelliten mit der Nummer 35. Er sendet die Korrekturdaten für Nordamerika und verschlechtert in Europa die Genauigkeit im Vergleich zum normalen GPS-Empfang*

Welcher Satellit für das DGPS-Verfahren in Frage kommt, ist unter *www.kowoma.de/gps/ waas_egnos.htm* in Erfahrung zu bringen. Es ist nun nicht so, dass EGNOS nicht funktionieren würde, denn andere DGPS-Nutzer profitieren ja schon davon. Das Beispiel zeigt aber, dass es sich lohnt, auf den Empfang der Daten des richtigen Satelliten zu achten.

WAAS/EGNOS hat einen Nachteil, der in der Fliegerei selten vorkommt. Die Zusatzdaten, die wir empfangen, stammen von geostationären Satelliten und die stehen, wie die Fernsehsatelliten in unseren Breiten, recht flach über dem Horizont. Die Folge ist, dass wir die Signale bei Abdeckung durch Gebäude (in Hafennähe) oder Berge (in Fjorden) nicht empfangen können. Auf dem freien Wasser können wir hingegen von guten Bedingungen ausgehen.

Bei dem zweiten DGPS-Verfahren hat man diese Empfangsschwierigkeiten kaum, denn Langwelle kann man auch in bebauten Häfen empfangen. Es wird ein mobiler Aufbau der DGPS-Anlage verwendet (Abb. 53), was natürlich bei den schon modernen Anlagen mit integriertem Korrekturdaten-Empfänger und einer einzigen Antenne einfacher ist als bei der konventionellen Lösung mit zwei Empfängern und auch zwei Antennen. Als endgültige Lösung für dieses Verfahren kommt aber nur eine stationäre Anlage in Betracht. Denn im Gegensatz zu reinen GPS-Navigatoren gibt es zurzeit noch keine Handy-Version für dieses DGPS-Verfahren.

Auf Antennenprobleme, hochfrequente Störsignale und andere Widerwärtigkeiten in der Praxis wollen wir hier nicht näher eingehen. Vielmehr wenden wir uns gleich der Frage zu, welche Kenndaten des DGPS-Senders wir benötigen.

Kenndaten von DGPS-Sendern

Da wir den Sender Helgoland für unsere DGPS-Forschungen einsetzen wollen, werfen wir zweckmäßigerweise erst einmal einen Blick auf dessen Kenndaten. Wir finden sie beispielsweise im *Jachtfunkdienst* unter »Funkortungsdienste« (vgl. Abb. 54 mit den Angaben für 2005; *GLONASS* ist das russische GPS, *DGLONASS* entspricht DGPS). Die Kenndaten sind nicht näher erläutert. Da aber gerade hier bei vielen Anwendern große Schwierigkeiten auftauchen, sollen die Angaben kurz interpretiert werden, auch wenn das etwas mühsam wird.

• Format *RTCM SC 104*
Die Abkürzung RTCM leitet sich her von *Radio Technical Commission for Maritime Service*. Diese *Commission* gründete schon 1983 das *Special Committee 104*, das sich mit DGPS befasste und als Ergebnis seiner Arbeit eine Emp-

fehlung vorlegte. Es handelt sich dabei, stark vereinfacht, um die Art und Weise (Format), in der die gesendeten Daten in der übertragenen Korrekturnachricht angeordnet sind, und darum, welche weiteren Informationen, neben den eigentlichen Korrekturwerten, übertragen werden.

• Frequenz 298,5 kHz
Die Korrekturdaten werden auf der Frequenz 298,5 kHz abgestrahlt.

• 100 bits/s
Das ist die Datenrate in bit je Sekunde, mit der die Informationen gesendet werden. Hier haben wir wieder eine Größe, die der Anwender bei seinem Gerät einstellen muss.

• ID-Nr. 762/492
Jede DGPS-Station besitzt eindeutige Indentifikationsnummern, Helgoland also die Nummer 762/492.

• Message Type 3, 6, 7, 9, 16
Damit unsere Betrachtungen nicht zu einem Spezialexkurs werden, müssen wir auch hier ganz stark vereinfachen. Die vom Sender abgestrahlte Welle enthält als wesentliche Information aufeinanderfolgende Nachrichten (messages). Diese durchnummerierten Messages haben jeweils einen ganz bestimmten Inhalt. So enthält beispielsweise Message Type 3 Informationen über die Referenzstation, Message Type 7 Daten über mehrere DGPS-Stationen einer Region, Message Type 9 die DGPS-Korrekturwerte, Message Type 16 schließlich Warnungen bei irgendwelchen Problemen der DGPS-Station.

DGPS-Korrekturen

Die Übertragung von Korrekturwerten für das Satellitennavigationssystem NAVSTAR erfolgt im Format RTCM SC 104.

Die Übertragung (Message Type) für DGPS 1, 2, 3, 4, 5, 6, 7, 9, 15, 16 entspricht dem amerikanischen Satellitennavigationssystem NAVSTAR.

Die Übertragung (Message Type) für DGLONASS 31, 32, 33, 34, 35, 36 entspricht dem russischen Satellitennavigationssystem GLONASS.

Die Angaben der GPS-Sender werden in der folgenden Darstellung aufgeführt:

Sender Position Betriebszustand	Frquenz (kHz)	Bit-Rate (bits/s)	ID-Nr. Referenz- station	Sende- station	Message Type	Reich weite (sm)
Helgoland 54° 11,2'N 007° 54,4'E Probebetrieb	298,5	100	762	492	3, 6, 7, 9, 16	145

54 *Auszug aus Jachtfunkdienst Nord- und Ostsee*

• Reichweite 154 sm
In dieser Entfernung ist auch bei ungünstigen Ausbreitungsverhältnissen ein Empfang der Funkwellen noch mit fast 100 % Wahrscheinlichkeit möglich. Technisch genauer für Spezialisten: In dieser Entfernung beträgt die Feldstärke 50 uV/m.

Ganz schön kompliziert? Das ist sicherlich richtig. Trotzdem reduziert sich das, was der Anwender nachher tatsächlich benötigt, auf einige wenige Werte. Probleme liegen zurzeit vor allem noch bei den verwendeten Message Types. Und hier insbesondere bei Message Type 16. Es geht vor allem um das so genannte *integrity monitoring*, eine Methode, mit der Fehlfunktionen einer DGPS-Station erkannt und schnellstmöglich dem Anwender mitgeteilt werden können.
Aufwändigere DGPS-Navigatoren sind in der Lage, nicht nur die Message Types 3 und 9, sondern auch die Message Types 7 und 16 (und weitere, hier nicht besprochene) zu nutzen. Neben dem Anzeigen einer Warnung ist dann beispielsweise mit Unterstützung von Message Type 7 auch ein Umschalten von einer DGPS-Station zur nächsten möglich.
Nach diesem trockenen, aber doch wesentlichen Exkurs fahren wir nun aber tatsächlich zu unserem Boot und zu unserer Testanlage.

Praxistest

Auch wenn dieses Beispiel aus dem Vorgängerbuch übernommen wurde, ändert das nichts an dem Verfahren.
Die Änderungen gegenüber dem aktuellen Stand beziehen sich überwiegend auf die Reichweite (sie ist jetzt größer) und die Frequenz.
Unser Boot liegt in Bremen auf der Lesum, ei-

```
        MENU
 NEAREST  WPTS
 WAYPOINT  LIST
 WAYPOINT
 ROUTES
 DIST  AND  SUN
 MESSAGES
 SYSTEM  SETUP
 NAV  SETUP
 MAP  SETUP
 TRACK  LOG
 INTERFACE
```

```
      INTERFACE
 RTCM/NMEA
 NMEA 0183 2.0
 4800 baud
 BEACON RECVR
 FREQ : 298,5KHz
 RATE :      100bps
 DIST        66ₙₘ
 SNR         30dB
 Receiving
```

55 *Hauptmenü des GPS38. Markiert ist der Menüpunkt INTERFACE (Schnittdtelle). Damit gelangt man zur Interface-Seite*

56 *Interface-Seite des GPS38 mit Einstellungen und Ausgaben für Helgoland*

nem kleinen Nebenfluss der Weser. Die Testanlage wurde durch Anschluss eines Empfängers für die Korrektursignale und eine entsprechende Antenne zum DGPS-System umfunktioniert. Außerdem ist ein Notebook angeschlossen, mit dem wir die erhofften DGPS-Orte abspeichern können.

Wir blättern zunächst zur Seite mit dem Hauptmenü (Abb. 55) und gelangen von dort über den Menüpunkt INTERFACE (Schnittstelle) zur Interface-Seite (Abb. 56), in der die erforderlichen Werte bereits eingetragen sind. Das Gerät arbeitet im DGPS-Mode.

Sie erkennen, dass das Display zweigeteilt ist. Im oberen Teil erscheinen Angaben zur eigentlichen Schnittstelle, unterhalb des Trennstriches Angaben zum Empfänger für die Korrektursignale. Dieser Empfänger ist ein so genannter *Bakenempfänger*, englisch *Beacon Receiver*, in der Abbildung abgekürzt mit BEACON RECVR. Wir betrachten zuerst die

Schnittstellen-Werte, dann die Angaben zum Bakenempfänger.

Wie wir ja schon wissen, können über die GPS-Schnittstelle Daten eingelesen und ausgelesen werden (INPUT/OUTPUT). In unserem Beispiel ist die Schnittstelle so eingestellt, dass die Korrekturdaten (RTCM!) eingelesen (INPUT) und Informationen im NMEA-Format 0183, Version 2.0, ausgegeben werden (OUTPUT). Die Ausgaben speichern wir auf unserem Notebook. Bei allen GPS-Navigatoren kann die Schnittstelle unterschiedlich konfiguriert (eingestellt) werden. Sollen beispielsweise Daten weder eingelesen noch ausgegeben werden, muss das Interface bei unserem Testgerät auf NONE/NONE gesetzt werden. Wenn Sie im DGPS-Betrieb keine Daten ausgeben wollen, müssen Sie die Schnittstelle Ihres Gerätes so einstellen, dass nur die Korrekturdaten eingelesen werden und keine Ausgabe über das Interface erfolgt.

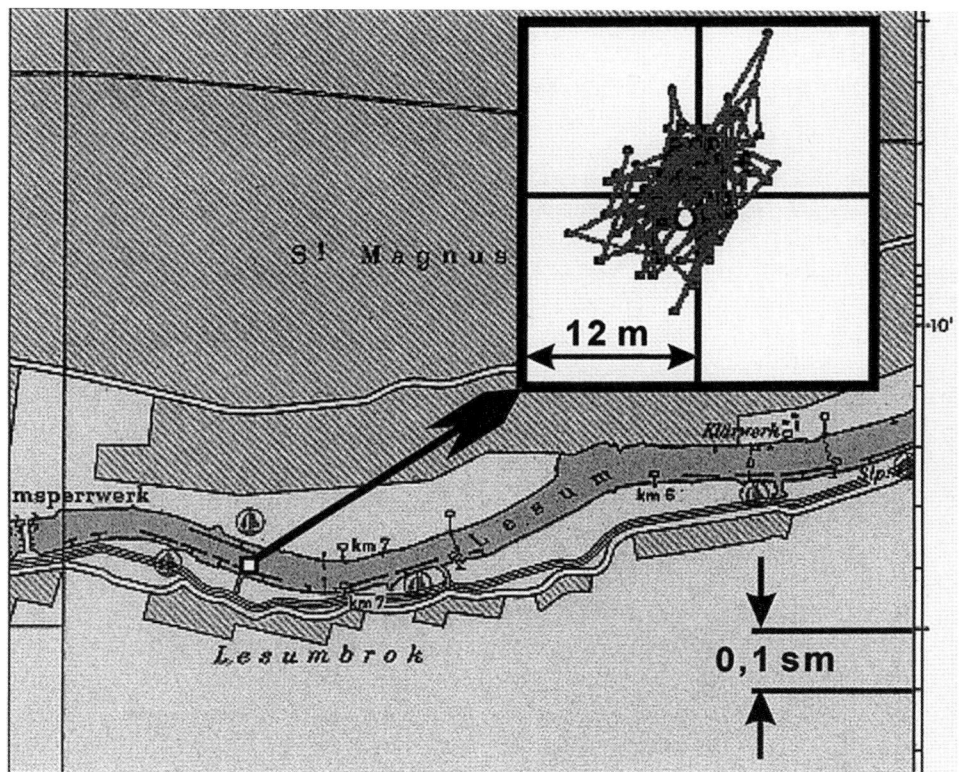

57 *DGPS-Positionen in »Wollknäuel-Darstellung« für eine feste Position auf der Lesum, einem Nebenfluss der Weser*

Die Angabe 4800 baud (beim Testgerät mit kleinem Anfangsbuchstaben) bedeutet, dass die Daten mit einer bestimmten Geschwindigkeit* über die Schnittstelle transportiert werden.

Da wir mit den Korrektursignalen des Senders Helgoland arbeiten wollen, geben wir bei FREQ (Frequenz) 298,5 ein und bei RATE (Datenrate) 100. Die Angabe *bps* hinter der 100 bedeutet *bits per second*. Nach der Eingabe dieser Werte zeigt der Navigator zunächst in der untersten Zeile *Tuning* (Abstimmung), der Bakenempfänger führt also eine Abstimmung durch. Die Felder hinter DIST und SNR (besprechen wir gleich) bleiben zunächst leer.

Nach etwa einer halben Minute wird *Tuning* durch das in Abb. 56 zu sehende *Receiving* (Empfang) ersetzt. Gleichzeitig erscheinen hinter DIST und SNR die Zahlen 66 und 30.

---

* Für Spezialisten: 1 Baud ist eigentlich die Maßeinheit für die Übertragungsgeschwindigkeit analoger Datentransfer-Systeme, z. B. von Modems. Die heute übliche Maßeinheit Baudrate wird in bit/s angegeben.

DIST bedeutet Distance (Abstand, Entfernung), 66 nm (nautical miles) ist die Distanz zwischen dem Sender Helgoland und der Position des Bootes. Wie wir besprochen haben, werden zusammen mit den Korrekturdaten mit Message Type 3 auch Informationen über den Sender übertragen. Unter anderem werden Breite und Länge übermittelt. Damit kann der Empfänger aus Senderposition und Empfängerposition die Entfernung berechnen. Mit 66 sm liegt das Boot noch weit unter der mit 154 sm angegebenen Reichweite.

SNR* ist ein Wert, mit dem im Prinzip angegeben wird, um wie viel stärker das gewünschte Empfangssignal im Vergleich zu den Störungen ist. Da die Ausbreitungsbedingungen schwanken, ändert sich auch der angezeigte Wert. Im vorliegenden Fall bewegten sich die Anzeigen zwischen 27 und 31. Die beiden zuletzt besprochenen Angaben ermöglichen demnach eine Abschätzung der Empfangsqualität.

Schließlich wurden die gespeicherten DGPS-Positionen zu Hause ausgewertet.

Von den vielen Positionen habe ich Ihnen in Abb. 57 (S. 69) eine Auswahl von etwa 100 Orten dargestellt. Im vergrößertem Ausschnitt ist der Schnittpunkt des waagerechten Breitenparallels und des senkrechten Meridians der wahre, geodätisch bestimmte Ort. Der kleine Kreis links unterhalb des wahren Ortes ist der sich aus den 100 Positionen ergebende mittlere Ort, der etwas vom wahren Ort abweicht. Die zum Teil erkennbaren kleinen Quadrate sind jeweils DGPS-Orte. Für den Plot

wurde die Wollknäuel-Darstellung verwendet, bei der der Computer zeitlich aufeinander folgende Orte durch Geraden miteinander verbindet.

Wie Sie feststellen können, beträgt der Fehler der meisten DGPS-Orte etwa 5 bis 6 m oder weniger. Unsere Ergebnisse bewegen sich also etwa in dem von der *FVT (Fachstelle der Wasser- und Schifffahrtsverwaltung für Verkehrstechniken*, früher: *Seezeichenversuchsfeld)* genannten Genauigkeitsrahmen von 3 bis 5 m.

Fazit

Welche Schlussfolgerungen können wir nun für die Praxis ziehen? Natürlich ist das eben diskutierte Beispiel nicht das Einzige, das wir untersucht haben. Aus all diesen Messungen ergeben sich aber keine grundsätzlich neuen Erkenntnisse. Solange sich das Boot im Bedeckungsbereich eines DGPS-Senders befand, konnte mit DGPS gefahren werden. Die Navigation funktionierte auch noch, wenn auch mit etwas geringerer Genauigkeit, in wesentlich größeren als den bei den jeweiligen Sendern angegebenen Distanzen. Manchmal, aber ziemlich selten, schaltete das System auf normale GPS-Navigation zurück, dann, wenn wegen ungünstiger Empfangsbedingungen die Korrektursignale nicht mehr in ausreichender Anzahl oder Stärke empfangen wurden.

Beachten Sie auch, dass DGPS bei der bisherigen Technik nur in ausgewählten Gebieten genutzt werden kann, nicht jedoch etwa weltweit.

In der Spezialschifffahrt und auf Schiffen mit ECDIS hat sich DGPS inzwischen durchgesetzt, vom Lotsenversetzfahrzeug über Wasserschutzfahrzeuge bis zur Fähre. Wenn die Kurslinie in einer elektronischen Revierkarte mög-

---

* Für Interessenten: SNR bedeutet Signal to Noise Ratio. Das Signal-Störverhältnis wird in der Nachrichtentechnik logarithmisch in Dezibel (dB) angegeben. Je größer der Wert, desto günstiger sind die Empfangsbedingungen.

lichst exakt sein soll, ist DGPS-Genauigkeit sinnvoll. Aber auch solche Schiffe fahren natürlich auf dem Revier nicht etwa mit DGPS, vielmehr wird ganz konventionell nach Tonnen oder Feuern und mit Radar navigiert.

Dass in der Großschifffahrt heute in zunehmendem Maße DGPS-Anlagen gefahren werden, liegt auch daran, dass die Preisdifferenzen zwischen (zugelassenen) Standard-GPS- und DGPS-Geräten nicht mehr allzu groß sind.

Der wesentliche Pluspunkt von DGPS aber ist die schon erwähnte Warnmöglichkeit bei Satelliten- oder DGPS-Stationsproblemen. Das spielt eine primäre Rolle beim Einsatz von DGPS in der Fliegerei.

Und in der Sportschifffahrt?

Wenn wir ehrlich sind, ist die hohe Genauigkeit des Standard-GPS gewöhnlich nicht erforderlich. In den meisten neuen GPS-Geräten, auch in den Handgeräten, ist die Satelliten-DGPS-Variante schon eingebaut (WAAS/EGNOS). Für die Langwellenversion gilt das nicht. Falls irgendwann in der Zukunft DGPS-Geräte ähnlich günstig angeboten werden wie heute Standardanlagen, könnten wir immerhin darüber nachdenken, als stationäres System gleich DGPS zu wählen.

Wo finde ich aktuelle Informationen zu GPS?

Zur Praxis der GPS-Navigation gehört auch, dass wir wissen, wo und wie wir uns über aktuelle Entwicklungen im Zusammenhang mit der Satellitennavigation kundig machen können.

Natürlich, wann immer wir es einrichten können, besuchen wir die für uns als Segler wich-

tigen Messen. Auch eine gut unterrichtete Zeitschrift kann uns Hilfestellung geben. Trotzdem: Auf einer Messe finden wir vielleicht doch nicht den Ansprechpartner, der uns etwas speziellere Fragen beantworten kann, und der Fachredakteur einer Zeitschrift ist möglicherweise nicht erreichbar oder kann uns auch nicht weiterhelfen.

GPS im Internet und im Usenet – ein kleiner Streifzug

Der Schlüssel zur Lösung des Problems ist oder könnte das Internet sein.

Die meisten Leser haben wahrscheinlich bereits umfangreiche Surf-Erfahrungen gesammelt und sind mit diesem Medium vertraut. Wer hier noch Defizite hat und nicht zu den etwa 30 bis 40 Millionen Deutschen mit eigenem Anschluss gehört, dem sei die Anbindung seines PCs an das Internet unbedingt empfohlen. Vor allem wegen der Einsteiger (»newbies«) wollen wir uns hier nicht auf das Abdrucken einiger wichtiger GPS-Adressen beschränken, sondern gemeinsam einen kleinen virtuellen Streifzug durch das Netz unternehmen. Sicherlich ist es wenig sinnvoll, bei einer der bekannten *Suchmaschinen* wie

www.google.com
www.altavista.com
www.lycos.com
www.yahoo.com

als Suchbegriff nur »GPS« einzugeben. Die Ergebnisse könnten wir wohl kaum in endlicher Zeit durchforsten. Besser ist es, von einer bekannten *URL* (Adresse) auszugehen und sich dann mithilfe der *Links* zu anderen *Sites* zu begeben. Dazu ein Beispiel:

Wir starten bei einer der wichtigsten GPS-Adressen im Internet überhaupt, der *Homepage des U. S. Coast Guard Navigation Centers*. Die URL lautet:
www.navcen.uscg.gov
Nach Anklicken von »Site Map« wird eine Übersicht über die verfügbaren Sites angezeigt (Abb. 58).
Entweder von hier oder wieder von der Homepage aus können u. a. Informationen zu DGPS oder GPS aufgerufen werden.

Eine weitere gute Startseite für GPS ist die bereits erwähnte Site
www.kowoma.de/gps/index.htm (Abb. 59). Von hier aus gelangt man schnell an Informationen über WAAS und EGNOS, außerdem wird eine Menge über über die Funktionsweise von GPS erklärt.
Wir klicken uns über »WAAS/EGNOS« zum Tutorial und von dort aus zur EGNOS-Seite der *Eurpäischen Raumfahrtbehörde ESA*.
Wichtige allgemeine und übergreifende GPS-

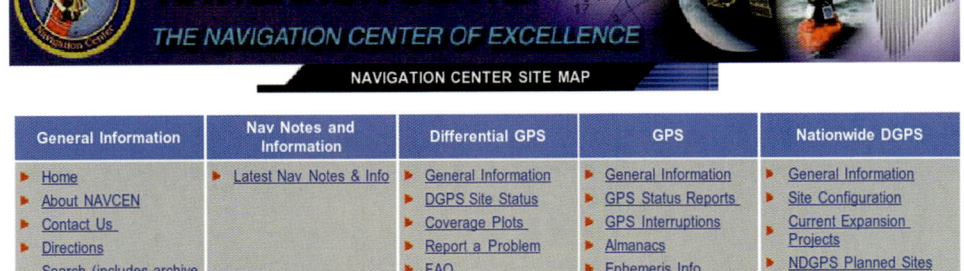

58 *www.navcen.uscg.gov: Navigation Center Site Map der U.S. Coast Guard*

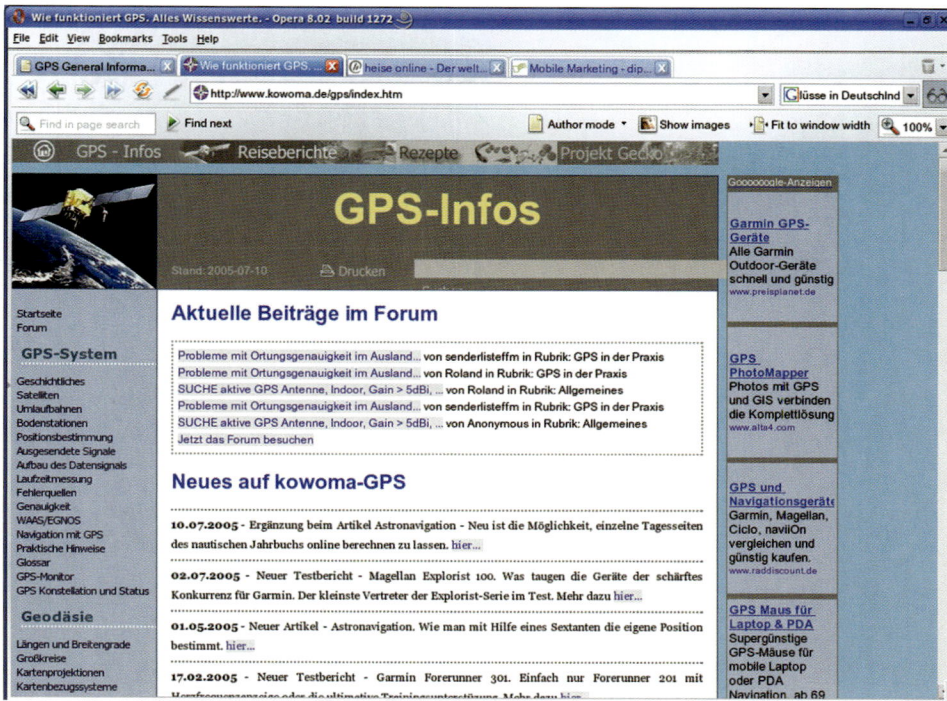

59 *www.kowoma.de/gps/index.htm: GPS-Infos mit vielen Hintergrundinformationen*

Informationen findet man also relativ einfach, wenn man von einer bekannten Adresse ausgeht. Was aber ist zu tun, wenn man spezielle Fragen hat, beispielsweise nach etwas ausgefallenerem Zubehör für einen GPS-Navigator, das nicht vom Hersteller oder von der Vertriebsfirma geliefert wird? Eine hervorragende Hilfe bieten die schon genannten Suchmaschinen, auf die wir im folgenden Abschnitt etwas näher eingehen wollen.

Suchhilfen für das Netz

Es gibt die folgenden grundsätzlichen Hilfen: *Kataloge, Volltextsuchmaschinen, Metasuchmaschinen.*

• *Kataloge*

In Katalogen werden bestimmte Begriffe oder Begriffskombinationen (Kategorien) verwendet, um ein bestimmtes Gebiet zu kennzeichnen. Diese Kategorien sind in einer Liste alphabetisch geordnet. Beispiele aus einer solchen Liste sind *Computer & Software, Musik & Medien, Sport & Fitness* in einem deutschsprachigen Katalog:
http://verzeichnis.suche.web.de/search/dirhp/
oder *Recreation & Sports, Science, Society & Culture, Computer & Internet* in einem US-Katalog: *www.yahoo.com.*
Klickt man eine dieser Kategorien an, gelangt man zu einer Liste von *Unterkategorien*, von dort dann wieder zu einer weiteren Liste und

so fort. Von *Computer & Software* über *Betriebssysteme* zu *Linux* und dann zum Beispiel zu *Linux für Newbies (www.linuxhelp.net/newbies/)*. Von *Science* mit den Unterkategorien *Animals, Astronomy, Engineering* über *Astronomy* zu *Solar System* und von hier aus schließlich zu bestimmten Themen, Veröffentlichungen usw. Die Kategorien in den Katalogen bilden mit den Unterkategorien also eine *Hierarchie.*

Jetzt soll ein Katalog zum Auffinden von GPS-Informationen verwendet werden. Wir nehmen hier einen amerikanischen und tippen ein: *www.yahoo.com*

Nacheinander klicken wir auf: *Science > Space > Satellites > Global Positioning System (GPS)*. Auf dieser Seite begeben wir uns probehalber zum Hyperlink *Glossary of GPS Related Terms* und landen auf einer der Seiten der führenden GPS-Zeitschrift: *GPS World*. Hier klicken wir in der linken Leiste auf weitere *Links*.

Jetzt werden uns als Auswahl *GPS Information Sources, Glonass Information Sources, GPS Web Sites* und *GPS Glossary* präsentiert. Stöbert man beliebig weiter, gelangt man entweder direkt oder über weitere aufgerufene Seiten zu folgenden wichtigen Adressen: *www.navcen.uscg.gov* (Abb. 58, S. 72)

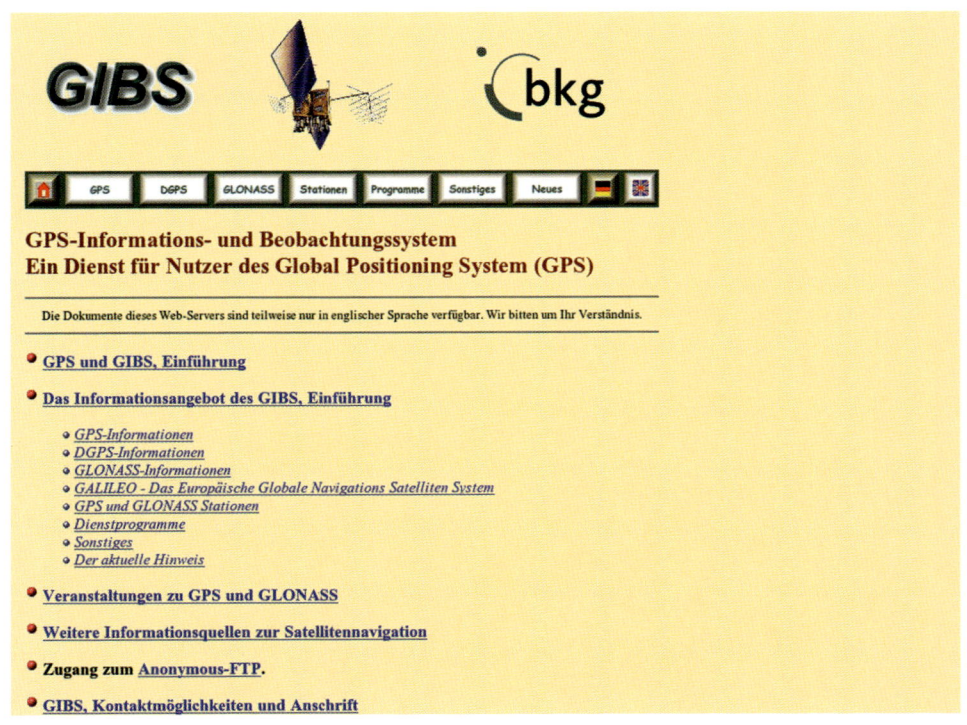

GIBS **bkg**

| 🏠 | GPS | DGPS | GLONASS | Stationen | Programme | Sonstiges | Neues | | |

GPS-Informations- und Beobachtungssystem
Ein Dienst für Nutzer des Global Positioning System (GPS)

Die Dokumente dieses Web-Servers sind teilweise nur in englischer Sprache verfügbar. Wir bitten um Ihr Verständnis.

● **GPS und GIBS, Einführung**

● **Das Informationsangebot des GIBS, Einführung**

    ○ *GPS-Informationen*
    ○ *DGPS-Informationen*
    ○ *GLONASS-Informationen*
    ○ *GALILEO - Das Europäische Globale Navigations Satelliten System*
    ○ *GPS und GLONASS Stationen*
    ○ *Dienstprogramme*
    ○ *Sonstiges*
    ○ *Der aktuelle Hinweis*

● **Veranstaltungen zu GPS und GLONASS**

● **Weitere Informationsquellen zur Satellitennavigation**

● **Zugang zum Anonymous-FTP.**

● **GIBS, Kontaktmöglichkeiten und Anschrift**

60 *gibs.leipzig.ifag.de: Informationen unter anderem zu EGNOS und Galileo* *www.colorado.edu/geography/gcraft/notes/ gps/gps_f.html* (hervorragender GPS-Überblick)

gibs.leipzig ifag de (Startseite des GIBS, siehe auch Abb. 60)

• *Volltextsuchmaschinen*
Wenn man in einem Katalog nicht fündig wird, kann eine Volltextsuche vorgenommen werden. Auch Kataloge bieten die Möglichkeit, nach Begriffen (Stichwörtern) zu suchen. Findet sich nichts im Katalog, wird die Frage automatisch an eine Volltextsuchmaschine weitergereicht. Wegen der unterschiedlichen Struktur von Katalogen und Volltextsuchmaschinen erhält man unterschiedliche Ergebnisse auf eine Anfrage.
Eine Volltextsuchmaschine, mit der ich gute Erfahrungen gemacht habe, ist *www.google.de* für den deutschsprachigen Raum und auch für eine internationale Suche. Wenn man den Namen eines Herstellers eingibt, wird man schnell zu einer Hauptseite gelangen, von der aus man über *Products* nach Geräten suchen kann, oder beispielsweise nach neuen Versionen der Gerätesoftware. Bedienungsanleitungen für verschiedene GPS-Geräte sind auch als PDF-Datei herunterzuladen. Volltextsuchmaschinen gestatten eine detailliertere Suche, da sie Suchbegriffe verknüpfen können.
Damit unsere Betrachtungen nicht ausufern, wollen wir nicht näher auf Einzelheiten eingehen. Die Systeme bieten sämtlich Hilfe-Funktionen, mit denen man sich schnell einarbeiten kann.

• *Metasuchmaschinen*
Diese können mehrere Suchmaschinen bündeln und so in einem viel größeren Datenbestand suchen, als ihn eine einzelne Suchmaschine abdeckt. Das ist auch deswegen von Vorteil, weil keine einzige Suchmaschine auch nur annähernd die riesige Zahl von Webseiten (Schätzungen gehen von mehr als 800 Millionen aus!) erfasst. Eine Internetseite, die Hinweise über das Suchen bietet, ist Folgende: *www.suchfibel.de*

Das Usenet
Mit den bisher beschriebenen Verfahren gelingt es relativ einfach, allgemeine oder übergreifende Informationen zu GPS zu finden. Beim Surfen sind wir auch auf Firmenadressen gestoßen und hätten so vielleicht das schon erwähnte Zubehör gefunden. Dennoch gilt, dass Antworten auf spezielle Fragen mit den genannten Verfahren nur sehr schwer zu finden sind.
Hier bietet sich das *Usenet* an. Dabei handelt es sich um ein über die ganze Welt verteiltes Diskussionssystem. Im Prinzip um tausende von *Schwarzen Brettern*, auf denen man Nachrichten hinterlassen oder Nachrichten anderer Nutzer lesen kann. In der Sprache des Usenet formuliert: Das Netz ist in der Form von *newsgroups* strukturiert. Es gibt zu fast allen erdenklichen Themen eine solche Gruppe. Falls zu einem interessanten Gebiet keine *newsgroup* existiert, kann sie im Usenet gegründet werden. Über E-Mail kann man in einer ausgewählten Gruppe Fragen stellen, die dann von anderen Usern beantwortet werden. Selbstverständlich kann man auch die gerade laufenden Diskussionen verfolgen und die jeweiligen Fragen und Antworten lesen.
Doch wie gelangt man in dieses Netz?
Einen sehr gut strukturierten und kostenlosen Zugang zum englischsprachigen Usenet bietet folgende Adresse:
groups.google.de

Von der Startseite hat man auch Zugriff auf die hervorragende Hilfe *(Groups Help)*. Wir klicken uns von *sci.* über *sci.geo* zu *sci.geo.satellite-nav* – und sind wieder bei der Satellitennavigation. Hier könnten wir gestellte Fragen und die Antworten lesen und schließlich vielleicht auch selbst eine Frage stellen.

Ganz zum Schluss unseres Schnelldurchganges durch das Usenet und bevor wir abschließend ein deutsches GPS-Informationsangebot betrachten, noch ein Hinweis: Wenn Sie dieses Buch lesen, dann hat sich unter Umständen das Aussehen der vorgestellten Sites im Internet bereits wieder geändert. Im Web ist alles in Bewegung. Nicht auszuschließen ist ferner, dass sich auch einzelne URLs geändert haben.

GIBS: GPS-Informations- und Beobachtungssystem

Das Bundesamt für Kartographie und Geodäsie, Außenstelle Leipzig, stellt mit dem System *GIBS* für deutsche Nutzer u. a. Informationen zu GPS und zu GLONASS bereit (GLONASS ist das »russische GPS«; wegen der großen finanziellen Probleme der Russischen Föderation befindet es sich aber in einem desolaten, praktisch nicht mehr brauchbaren Zustand). GIBS kann wie folgt erreicht werden: *gibs.leipzig.ifag.de*

Abb. 60 (S.74) zeigt die Homepage. Man findet hier unter anderem einen Überblick über das europäische Navigations-Satellitensystem Galileo und eine umfangreiche Link-Liste. Ferner ist anzumerken, dass GIBS sich doch eher an den Interessen von Geodäten und vielleicht noch Nutzern aus der Berufsschifffahrt orientiert.

Kleines Lexikon wichtiger GPS- und Navigations-Begriffe

2D-Mode: Betriebsart des GPS-Empfängers für die Seefahrt, es werden Breite und Länge angezeigt

2DRMS: Radius des Fehlerkreises, in dem man mit 95 % Wahrscheinlichkeit steht

3D-Mode: Betriebsart des GPS-Empfängers, in der Breite, Länge und Höhe ausgegeben werden

Accuracy: Genauigkeit

activate, to: (Wegpunkt) aktivieren

Alarm Circle: Alarmkreis um einen Wegpunkt

Altitude (Höhe): Wird im 3D-Mode vom GPS-Navigator angezeigt. In der Seefahrt wird der GPS-Navigator, falls möglich, im 2D-Mode betrieben (nur Breite und Länge)

Backlight: Hintergrundbeleuchtung des Displays

Battery Saver Mode: Batteriespar-Modus

Baud: Informationseinheit pro Sek. Eine Informationseinheit kann mehrere Bit enthalten.

Beacon Receiver: Empfänger für die Korrektursignale von DGPS

Bearing: Peilung

CDI: Course Deviation Indicator. Grafische Darstellung auf dem Display, aus der XTE nach Größe und Richtung (Steuerbord, Backbord) entnommen werden kann

CEP: Circular Error Probable. Radius des Fehlerkreises, in dem man mit 50 % Wahrscheinlichkeit steht

clear, to: löschen

CMG: s. Course Made Good

COG: s. Course over Ground

Compass Bearing: Magnetkompasspeilung

Compass Course: Magnetkompasskurs

Compass Error (Correction): Fehlweisung des Magnetkompasses

Compass North: Magnetkompass-Nord

Correction Data: Korrektursignale für DGPS

Correction for Current: Beschickung für Strom

Course Deviation Indicator: s. CDI

Course: Sollkurs, angezeigt wird dann der Sollkurs zum Wegpunkt.

Course Line: Kurslinie

Course Made Good: tatsächlich gefahrener Kurs über Grund

Course over Ground: Kurs über Grund

create, to: (Route) erstellen

Cross Track Distance: s. XTE

Cross Track Error: s. XTE

Dead Reckoning Position: Loggeort

define, to: (Wegpunkt, Route) definieren

delete, to: (Wegpunkte, Routen) löschen

Destination Waypoint: Zielwegpunkt, aktivierter Wegpunkt

Deviation: Ablenkung des Magnetkompasses

Display: Anzeigebildschirm

Distance: Abstand, Distanz

DOP: Dilution of Precision. Faktor zur Kennzeichnung der Unsicherheit einer GPS-Position

Drift: Stromgeschwindigkeit

DRMS: Radius des Fehlerkreises, in dem man mit 68 % Wahrscheinlichkeit steht

DTE: Daten-Endgerät, z. B. für AIS

EGNOS: europäisches System zur Ergänzung der GPS-Signale durch geostationäre Satelliten (DGPS)

ENC: elektronische Seekarten; dieses Kürzel wird meist benutzt, wenn die hohen Anforderungen für ausrüstungspflichtige Schiffe erfüllt sind

Elevation: s. Altitude

Estimated Time of Arrival: s. ETA

ETA: Estimated Time of Arrival. Voraussichtliche Ankunftszeit bei einem Wegpunkt, berechnet mit der aktuellen Fahrt über Grund

Feet: Mehrzahl von Foot (1 Fuß etwa 0,30 m)

Fix: beobachteter Ort (z. B. mit GPS bestimmt)

GMT: Greenwich Mean Time (identisch mit der heute in Deutschland nicht mehr zulässigen alten Bezeichnung MGZ)

GNSS: Oberbegriff für die verschiedenen satellitengestützten Navigationssysteme (GPS, GLONASS, GALILEO)

Great Circle: Großkreis

Ground Speed: Fahrt über Grund

HDG: Heading. Bei AIS Voraussetzung (meist rwK) eines Fahrzeugs. Beim GPS-Gerät ist es die Einstellung für die Nordrichtung (rechtweisend oder magnetisch)

HDOP: Horizontal Dilution of Precision. Faktor zur Kennzeichnung der Genauigkeit einer 2D-Position, soll möglichst klein sein

highlight, to: hervorheben. Auf dem Display wird zum Beispiel eine Zahl oder eine Abkürzung durch Invertierung hervorgehoben (helle Zeichen auf dunklem Untergrund)

Horizontal Dilution of Precision: s. HDOP

insert, to: (Wegpunkte) einfügen in eine bereits vorhandene Route

invert, to: (Route) umkehren, Wegpunkte einer Route werden in umgekehrter Reihenfolge abgesegelt

Knot: Knoten, sm/h

Latitude: Breite

LCD: Liquid Crystal Display, Flüssigkristall-Bildschirm

Leeway Correction: Beschickung für Wind

Line of Position: Standlinie

Longitude: Länge

Magnetic Bearing: missweisende Peilung

Magnetic Course: missweisender Kurs

Magnetic North: missweisend Nord

Magnetic Variation: s. Variation

Maintenance: Wartung

Map Datum: Kartendatum

Man over Board Function: s. MOB

Mask Angle: Maskierungswinkel. Nur solche GPS-Satelliten, deren Höhe größer ist als dieser Winkel, berücksichtigt der Navigator

Memory: Speicher

MOB: Man over Board Function, Mensch-über-Bord-Funktion

Nautical Mile: Seemeile

NM: Nautical Mile, Seemeile

Off Course: s. XTE

Operating Mode: Betriebsart

PDOP: Position Dilution of Precision. Faktor zur Kennzeichnung der Genauigkeit einer 3D-Position, soll möglichst klein sein

Proximity Alarm: Annäherungsalarm bei Überschreitung des Alarmkreises um einen Wegpunkt
Position Dilution of Precision: s. PDOP

Reference Waypoint: Bezugswegpunkt. Die Position eines neuen Wegpunktes kann festgelegt werden über Peilung und Abstand zu diesem Bezugswegpunkt
Relative Bearing: Seitenpeilung
rename, to: (Wegpunkte, Routen) umbenennen
Rhumb Line: Loxodrome (Linie konstanten Kurses)

SA: Selective Availability, künstliche Ungenauigkeit der GPS-Signale
SBAS: Sammelbezeichnung für WAAS und EGNOS, Satellite Based Augmentation Systems
Set: Stromrichtung
SMG: s. Speed Made Good
SOG: s. Speed over Ground
Speed Made Good: Fahrt über Grund in Richtung des Kurses
SPS: Standard Positioning Service, Standard-Ortsbestimmungsdienst mit reduzierter Genauigkeit für zivile Nutzer
Speed over Ground: Fahrt über Grund in Richtung der tatsächlichen Bahn
Standard Positioning Service: s. SPS
Statute Mile: amerikanische Landmeile, etwa 1,6 km
store, to: speichern

Track: Kartenkurs. Auch in der Bedeutung von beabsichtigtem Weg (Bahn) zwischen zwei Wegpunkten verwendet (s. auch True Track)
True Bearing: rechtweisende Peilung
True Course: Kartenkurs
True North: rechtweisend Nord
True Track: beobachteter Kurs über Grund.
TTG: Time To Go. Zeitdauer bis zum Erreichen eines Wegpunktes

Units: Einheiten
URL: Universal Recource Locator. Bezeichnung für eine www-Adresse im Internet
UTC: Universal Time Co-ordinated. Weltzeit, wird vom GPS-Navigator bestimmt

Variation: Missweisung, auch: Magnetic Variation
Velocity over Ground: Fahrt über Grund

WAAS: USA-System zur Ergänzung der GPS-Signale durch geostationäre Satelliten (DGPS)
Waypoint (WPT): Wegpunkt

XTE: Cross Track Error. Versetzung, gemessen senkrecht zur Verbindungsstrecke zwischen zwei Wegpunkten bzw. senkrecht zum Sollkurs
XTD: Cross Track Distance, s. XTE

Zonal Time: Zonenzeit. Bei GPS-Navigatoren oft auch nicht korrekt als Local Time bezeichnet

Abbildungsnachweis

Abb. 14–16, 28: Ausschnitte aus Delius Klasing-Sportbootkartensatz Nr. 5
Abb. 31: Ausschnitt aus der US-Karte 19347 mit freundlicher Genehmigung des
U. S. Departments of Commerce, National Oceanic and Atmospheric Administration
Abb. 54: Ausschnitt aus Jachtfunkdienst 2005: mit freundlicher Genehmigung des BSH
Abb. 25, 30, 32-35, 36, 47, 53, 55-57: Werner Kumm
Alle Übrigen vom Verfasser

Ich möchte an dieser Stelle Andreas Hennig für das Testgerät danken und Arved Fuchs für die Teilnahme an dem Ostsee-Törn.

Stichwortverzeichnis